Kundenbindung

Mit einer Einführung ins
Kundenbeziehungsmanagement

Hans Jürgen Ott und Martin Hubschneider

Inhalt

Vorwort

„Die Kunden, deren Erwartungen wir übertreffen, kommen wieder", so ein alter Kaufmannsspruch, der gerade heute, in einer globalisierten Welt, besonders treffend ist. Um es gleich im Sinne des Titelbildes zu sagen: Wir verstehen Kundenbindung in diesem positiven Sinne. Gegenseitige Attraktivität ist die Basis für eine langjährige Kundenbindung.

Dieser TaschenGuide eröffnet Ihnen eine neue Perspektive aus der Sicht des Kunden auf Ihr Unternehmen: Er stellt Ihnen Erfolgsfaktoren vor und gibt Ihnen Impulse für konkrete Maßnahmen der erfolgreichen Kundenbindung. Sie erfahren, wie Sie systematische Kundenbindung mit geeigneten Werkzeugen, z. B. Software für Kontaktmanagement, unterstützen. Unser gemeinsames Ziel ist Ihr erfolgreiches Unternehmen mit begeisterten Kunden. Deren Erwartungen werden regelmäßig übertroffen, sie vertrauen Ihrem Unternehmen und empfehlen Ihre außergewöhnlichen Leistungen, Ihre guten Produkte und Ihre kompetenten Mitarbeiter weiter.

Ein besonderer Dank gilt Heike Kohler-Reineke und Uwe Schick von der CAS Software AG. Ohne deren außerordentliches Engagement wäre dieser TaschenGuide heute noch nicht in Ihren Händen.

Wir wünschen Ihnen beim Lesen viele Anregungen zur Umsetzung einer erfolgreichen Kundenbindung in Ihrem Unternehmen.

Prof. Dr. Hans Jürgen Ott   *Martin Hubschneider*

Kundenbindung – langfristig Erfolge sichern

„Der Verkauf eines Autos ist nicht der Abschluss eines Geschäftes, sondern der Beginn einer Beziehung." Schon Henry Ford unterstrich, wie wichtig Kundenbindung für ein erfolgreiches Unternehmertum ist.

Im folgenden Kapitel lesen Sie,

- warum systematische Kundenbindung Teil Ihrer Unternehmensstrategie sein sollte (ab S. 6),
- was Kundenorientierung wirklich für Sie und Ihr Unternehmen bedeutet (ab S. 11).

Kundenbindung als Teil Ihrer Unternehmensstrategie

Systematische Kundenbindung ist Ihr Erfolgsrezept, um sich im Wettbewerb positiv hervorzuheben und langfristig mit Ihrem Unternehmen auf dem Markt erfolgreich zu sein. Der grundlegende Sinn von Kundenbindung ist, bestehende Kunden an Ihre Produkte und Ihr Unternehmen zu binden, um den Umsatz, den Sie mit einem Kunden erzielen, zu steigern, also mehr Erlöse zu generieren. Aus Käufern sollen loyale Kunden aus Überzeugung werden, die Ihr Unternehmen und Ihre Produkte weiterempfehlen. Kundenbindung ist einfacher umzusetzen, als Sie vielleicht denken: Sie stellen Ihre Kunden in den Fokus und leben eine kundenorientierte Unternehmensstrategie.

Welche Zutaten brauchen Sie für dieses Rezept?

- Den Willen, ein lernendes, kundenorientiertes Unternehmen zu sein.
- Die zum Unternehmen passenden Maßnahmen zur Kundenbindung.
- Motivierte Mitarbeiter, die den Nutzen der Kundenbindung verstehen und Kundenorientierung leben.

Begreifen Sie Kundenbindung als wichtigen Teil Ihrer täglichen Arbeit. Damit legen Sie einen bedeutenden Grundstein für Ihren Unternehmenserfolg.

Beispiel: Kundenorientierung ist geschäftsrelevant

 Das Auto-Leasing von Herrn Münch läuft aus. Deshalb wollte er vor zwei Monaten eine Probefahrt mit dem neuen Van von der Stern AG machen. Leider war das gewünschte Fahrzeug am Wunschtermin nicht verfügbar und der Verkäufer sagte die Probefahrt ab. Nachdem Herr Münch auch nach weiteren zwei Monaten noch nichts von der Stern AG gehört hatte, nahm er das Angebot eines Wettbewerbers zu einer Probefahrt an. Er erhielt dort nicht nur Begrüßungspralinen, sondern auch eine umfassende Beratung und durfte den Wagen ein ganzes Wochenende zur Probe fahren. Herr Münch kaufte schließlich das Fahrzeug beim Wettbewerber.

Kundenbindung ist Teil einer Unternehmensstrategie:

- Sie beginnt mit der **Kundenorientierung** Ihres Unternehmens über Produktqualität, Mitarbeiterzufriedenheit und Unternehmensimage.

- Diese führt im Idealfall zur **Kundenzufriedenheit** – und diese wiederum dazu,

- dass Ihre Kunden wiederkommen und Sie weiterempfehlen, also zu **Kundenbindung**.

- Damit sichern Sie Ihren wirtschaftlichen **Unternehmenserfolg**.

Die Abbildung auf Seite 8 veranschaulicht diese Strategie.

Warum Kundenbindung wichtig wurde

Wer verstehen will, warum Kundenbindung heute so wichtig geworden ist, findet in der Marktentwicklung den Schlüssel. Zwei Faktoren waren dabei entscheidend.

Abbildung: Durch Kundenorientierung zum Unternehmens-erfolg, Quelle: CAS Software AG

1. Der Wettbewerb

Durch die Globalisierung und die zunehmende Markttranspa-renz durch das Internet befinden wir uns heute in einer star-ken Konkurrenzsituation. Viele Produkte einer Branche sind austauschbar und haben ein ähnliches Qualitätsniveau.

2. Die Kunden

Kunden von heute gehen zielgerichteter bei ihrer Suche nach einem Wunschprodukt oder einer Dienstleistung vor, sind informierter und souveräner im Konsumverhalten. Im Internet können Produkte nicht nur gesucht und gefunden, sondern auch nebeneinandergestellt und bewertet werden. Userforen, Online-Zeitschriften, Blogs oder Preissuchmaschinen bieten für Interessenten eine Vielzahl an Vergleichsinformationen.

Durch effektive Kundenbindung kann ein Unternehmen diesem steigenden Konkurrenzdruck entgegen wirken. Begeisterte Kunden bleiben, auch wenn es viele Konkurrenten gibt.

> Der globalisierte Markt erfordert stärker denn je, dass ein Unternehmen die Kunden an sich bindet.

Kundenbindung lohnt sich

Studien zeigen, dass es wesentlich günstiger ist, in stetige Kundenbindung zu investieren, als Kunden wieder oder neu zu gewinnen oder von der Konkurrenz abzuwerben. Vor allem, wenn Sie die wertvollen Kunden binden. Wertvolle Kunden sind treue Kunden, die Ihre Produkte und den persönlichen Service schätzen, die regelmäßig bei Ihnen kaufen, die Sie weiterempfehlen und die Ihnen Gewinne bescheren. Wertvoll bedeutet aber auch, dass Sie zu diesen Kunden eine für beide Seiten positive Beziehung aufbauen können.

Das typische Verhältnis der Kosten für Kundenbindung in Bezug auf Kundenneu- bzw. -wiedergewinnung stellt sich folgendermaßen dar:

1	**:**	**3**	**:**	**5**	**:**	**2**
Kunden behalten		neue Kunden gewinnen		von der Konkurrenz abwerben		Kunden wieder- gewinnen

Kundenbindung lohnt sich in dreifacher Weise:

- Sie ist wirtschaftlich lohnend, da Sie das gesamte Potenzial bei Kunden, wie hohe, stabile Gewinne, gute Beziehungen und Weiterempfehlungen, erst nach einiger Zeit voll ausschöpfen können.

- Sie können bestehende Kunden besser begeistern, da Sie ihre Erwartungen besser kennen.

- Es macht Ihnen und Ihren Mitarbeitern mehr Freude mit langjährigen Kunden eine positive Kundenbeziehung zu pflegen.

Kundenbindung und positive Beziehungen bringen zufriedene Kunden und zufriedene Mitarbeiter.

Beispiel: Neukundenakquise versus Kundenbindung

„Guten Morgen Herr Ebling, mein Name ist Meyer. Ich bin Vertreter der ABC GmbH. Ich würde Ihnen gerne mein neues Produkt vorstellen". „Wollen Sie mir etwas verkaufen?" „Ich würde mich freuen, wenn Sie unser neues Produkt ..." „Jetzt stören Sie mich gerade beim Frühstück! Und außerdem wissen Sie, dass das verboten ist." So könnte sich ein typisches Gespräch eines Außendienstmitarbeiters anhören, der Kaltakquise betreibt. Das bedeutet, dass er das Telefonbuch zur Hand nimmt und daraus mehr oder weniger zufällig Telefonnummern entnimmt und diese Nummern anruft.

Das Gespräch könnte auch so ablaufen: „Guten Morgen Herr Schulze, hier ist Müller von der Firma XY AG." „Herr Müller, schön, dass Sie anrufen. Herzlichen Dank für die schnelle Lieferung. Ich habe meinem Freund Fritz Maier empfohlen, mal bei Ihnen vorbeizuschauen und Ihre Produkte zu testen." „Das freut mich sehr – können wir Ihnen unser neues Produkt noch leihweise zur Verfügung stellen?" „Ja, sehr gerne."

Das erste Unternehmen im Beispiel versucht, Kunden neu zu gewinnen, gemäß der Vorstellung, mehr Kunden bringen mehr Absatz. Nach dem Kauf, so die Ansicht des Unternehmens, ist der Kunde zufriedengestellt und sein Bedürfnis befriedigt. Es lässt seine Kunden ab diesem Moment links liegen. Das zweite Unternehmen setzt hingegen auf Kundenbindung und baut seinen Kundenstamm durch begeisterte Kunden und Weiterempfehlungen von Kunden auf. Außendienstmitarbeiter Müller hat sicherlich mehr Erfolgserlebnisse als Meyer. Und nur zufriedene Mitarbeiter können auch Kunden zufrieden stellen.

Was Kundenorientierung wirklich bedeutet

Betrachten Sie Kundenorientierung unter den Aspekten der Wirtschaftlichkeit und der Kundenzufriedenheit. Das hilft Ihnen, sie richtig zu verstehen und umzusetzen. Die zwei häufigsten Irrtümer über Kundenorientierung sind:

- **Irrtum 1: Der Kunde ist König**
  Einem König begegnen Sie demütig, untertänig und niemals auf Augenhöhe. Auf dieser Basis werden Sie aber

keine vertrauensvollen und gleichberechtigten Beziehungen zu Ihren Kunden herstellen können.

- **Irrtum 2: Es gibt DEN einen Kunden**
  Jeder Kunde hat persönliche Vorstellungen, Wünsche und Bedürfnisse, die geprägt sind durch seine Wertvorstellungen. Behandeln Sie den einzelnen Kunden als Individuum. Die unglaublichen Erfolge der personalisierten Webangebote sind ein Beweis, wie groß das Bedürfnis nach persönlicher Ansprache und Anerkennung in jedem von uns ist.

Beispiel: Persönliche Ansprache

Unter www.amazon.de erfährt der Kunde nicht nur eine personalisierte Ansprache in Form einer persönlichen Begrüßung, sondern bekommt anhand seines Kaufprofils genau auf ihn zugeschnittene Literatur-, Musik-, Film- oder Produktempfehlungen.

So sollten Sie Ihre Kunden sehen

Ihre Kundenbeziehungen sollten Ihnen nicht nur finanzielle Erfolge bescheren, sondern die Basis für das Erreichen Ihrer gesamten Unternehmensziele sein. Begreifen Sie Ihre Kunden daher am besten, wie im Folgenden beschrieben.

Kunden als Partner

Eine Kundenbeziehung auf Augenhöhe ist unerlässlich, um Vertrauen und eine beidseitig nutzbringende, partnerschaftliche Beziehung aufzubauen.

Im Fokus Ihrer Unternehmensstrategie

Sie leben ausschließlich von Ihren Kunden. Von deren Käufen, aber auch von deren Anregungen für Produkt- oder Service-verbesserungen. Mit dem Kunden im Fokus ist es Ihnen möglich, die richtigen Produkte anzubieten und langfristig profitable Kundenbindungen aufzubauen.

Mündige Interessenten

Durch den Zugang zu vielfältigen Informationsquellen wie z. B. Internet, Fernsehen, Zeitschriften ist der Kunde heute informierter denn je. Er hat sich schon vorab einen Überblick über technische Details, Angebote Ihrer Wettbewerber und Alternativen verschafft. Bleiben Sie deshalb ehrlich und honorieren Sie sein vorhandenes Fachwissen.

Unbezahlte Mitarbeiter und Impulsgeber

Haben Sie sich als Kunde schon mal an der Theke eines Selbstbedienungsrestaurants versorgt, Ihre Bahntickets online ausgedruckt oder Ikea-Regale aufgebaut? Sie waren damit Kellner, Schalterangestellter und Möbellieferant, unbezahlt und freiwillig. Geben Sie als Kunde hin und wieder Feedback, Kritik oder Anregungen? Dann sind Sie der beste Marktforscher und Unternehmensberater, den sich ein Unternehmen nur wünschen kann. Überlegen Sie daher selbst, was Sie aus Sicht Ihres eigenen Unternehmens tun können, um für Ihre Kunden eine Rückmeldung an Ihr Unternehmen einfacher zu gestalten. Freuen Sie sich über Kritik, denn sie ist das beste Geschenk, das Sie bekommen können. Ein Kunde, der sich die Mühe macht, Sie über seine Unzufriedenheit in Kenntnis zu setzen, gibt Ihnen die Möglichkeit, Missstände zu beseitigen. Das ist besser als ein Kunde, der stillschweigend zur Konkurrenz abwandert.

Referenz und Empfehlungsgeber

Ein unzufriedener Kunde teilt seine Erfahrung im Durchschnitt elf anderen Personen in seinem direkten Umfeld mit. Noch brisanter wird es, wenn Beschwerden in Blogs oder Foren weltweit im Internet verbreitet werden. Kein Unternehmen kann sich einen solchen Imageverlust leisten. Sie sollten vielmehr versuchen, Ihre Kunden so zufriedenzustellen, dass Sie von positiven Bewertungen, mündlich und schriftlich, z. B. im Internet, profitieren können.

Beispiel: Erfolg durch positive Bewertung

 Herr Maier ist gerade in eine andere Stadt gezogen, als bei seinem Auto ein Ölwechsel fällig wird. Da er noch keine Autowerkstatt aus persönlicher Erfahrung kennt, recherchiert er im Internet. Auf einem Bewertungsportal entdeckt er mehrere Werkstätten in seiner Nähe. Eine davon wurde von vielen Kunden sehr positiv bewertet. Herr Maier stützt sich auf diese Urteile und vereinbart in dieser Werkstatt einen Termin. Die Werkstatt hat einen neuen Kunden gewonnen.

Aus diesen Sichtweisen auf Ihre Kunden ergeben sich bestimmte grundlegende Empfehlungen für Ihr Verhalten gegenüber Ihren Kunden. Da Kundenbindung durch gute Beziehungen zu Kunden erreicht wird, gelten hier die gleichen Empfehlungen wie im privaten Umfeld (siehe die folgende Checkliste).

Checkliste: Kundenorientiertes Verhalten

- Hören Sie Ihren Kunden genau zu und lesen Sie auch zwischen den Zeilen.

- Interessieren Sie sich für Ihre Kunden nicht nur als Käufer, sondern auch als Menschen. Unterhalten Sie sich auch über persönliche Dinge. Sie binden Ihre Kunden emotional, wenn sich diese bei Ihnen wohl und verstanden fühlen.

- Lernen Sie von den Ideen und Vorschlägen Ihrer Kunden.

- Schenken Sie Ihren Kunden nicht nur Ihre Aufmerksamkeit, sondern auch kleine, persönliche Präsente. Diese erhalten bekanntlich die Freundschaft.

- Suchen Sie stets die besten Kompromisse mit Ihrem Kunden. Ist das nicht möglich, gehen Sie, so gut es geht, freundschaftlich auseinander. Dies ermöglicht Ihnen, später wieder auf die Kunden zuzugehen und bewirkt umgekehrt, dass Ihre Kunden auch wieder auf Sie zurückgreifen.

- Bitten Sie Ihre Kunden, sie als Referenzkunden vorstellen zu dürfen. Lassen Sie Ihr Unternehmen weiterempfehlen und gewinnen Sie so neue Kunden.

Auf einen Blick: Langfristig Erfolge sichern

- Die wichtigste Erfolgsstrategie für Ihr Unternehmen ist die konsequente Ausrichtung auf den Kunden. Begreifen Sie Kundenorientierung als elementaren Teil Ihrer täglichen Arbeit.

- Die Bindung der Kunden ist zu einem entscheidenden Erfolgsfaktor für unternehmerisches Handeln geworden. Sie arbeiten wirtschaftlicher, wenn Sie aus Käufern loyale Kunden machen. Sie erhalten durch Empfehlungen mehr Kunden und bessere Kunden als durch Kaltakquise.

- Kundenorientierung lohnt sich: für die Wirtschaftlichkeit Ihres Unternehmens, die Zufriedenheit Ihrer Kunden und die Ihrer Mitarbeiter. Diese Betrachtungsweise hilft Ihnen, Kundenorientierung richtig umzusetzen.

- Sehen Sie Ihre Kunden nicht nur als Käufer, die Ihnen kurzfristige Umsätze bescheren, sondern betrachten Sie sie als gleichberechtigte und langfristige Partner für Ihren Unternehmenserfolg.

Die Erfolgsfaktoren für Ihre Kundenbindung

Kunden dauerhaft an sich zu binden ist keine Zauberei. Den Grundstein für Kundenbindung legen Sie mit Hilfe einiger Maßnahmen, die sich in der Praxis bewährt haben.

In diesem Kapitel erfahren Sie,

- wie Sie Ihr Unternehmen mit Hilfe der Faktoren Unternehmensidentität, Produkte, Preise, Service und Kommunikation konsequent auf Ihre Kunden ausrichten (ab S. 18),
- welche Rolle gut gepflegte Kundendaten für die Kundenbindung spielen (ab S. 41),
- was Sie über Ihre Kunden wissen sollten (ab S. 45) und
- wie Sie dieses Wissen in Erfahrung bringen (ab S. 48).

Diese fünf Faktoren sind relevant

Sie bestimmen mit der Ausgestaltung und dem Zusammenspiel von fünf Faktoren, ob Sie Ihre Kunden mit Ihren Produkten, Dienst- oder Serviceleistungen einfach nur ansprechen oder wirklich für sich begeistern. Diese sind

1 Unternehmensidentität (Corporate Identity, CI)
2 Produkt
3 Preis
4 Service
5 Kommunikation

Richten Sie diese fünf Faktoren optimal auf Ihre Kunden aus, verwandeln Sie Akzeptanz in Begeisterung, Kunden in Fans, Ihre Leistungen in ein Erlebnis. Kundenbindung wird erreicht durch zwei Dinge: Erstens durch eine hohe Qualität der Unternehmensleistung und zweitens durch die Kommunikation dieser Leistung. Sie müssen also Ihren Kunden nicht nur gute Produkte und guten Service bieten, sondern ihm dies auch immer wieder bewusst machen. Sie selbst bestimmen, wie Ihr Unternehmen wahrgenommen wird.

1. Finden Sie Ihre Unternehmensidentität (Corporate Identity)

Um überhaupt in die Köpfe Ihrer Kunden zu gelangen, brauchen Sie ein klares, von Ihren Konkurrenten abgegrenztes Unternehmensprofil. Der erste Schritt für erfolgreiche Kundenbindung besteht für Sie also darin, sich selbst über Ihr Unternehmen, Ihre Unternehmensidentität, Ihre Kernkompetenzen und damit Ihre Unverwechselbarkeit klar zu werden. Ihre Unternehmenskultur und Ihre Leitlinien sind wichtige Bestandteile Ihrer Unternehmensidentität, auch Corporate Identity (CI) genannt. Und diese wiederum ist ein wichtiger Teil Ihres Unternehmensimage: Kunden sind treu, wenn sie wissen, dass sie auf Ihr Unternehmen zählen können.

Mission und Vision

Formulieren Sie einmal gezielt, welche Kundenbedürfnisse Sie mit Ihrem Leistungsangeboten erfüllen möchten. Benennen Sie eine Mission und die Vision, die Sie für Ihr Unternehmen haben. Fragen Sie sich: Wo will ich mit meinem Unternehmen in zehn Jahren stehen (Vision)? Was will ich bis wann verbessern (Mission)? Mit der Mission drücken Sie den eigentlichen Sinn und Zweck Ihrer Unternehmenstätigkeit aus. Die Vision zeigt Ihnen den Weg für die weitere Strategie Ihres Unternehmens und kann, wie der Name schon sagt, wirklich visionär sein.

Beispiel: Unternehmensmission und –vision

Die Mission eines Bäckers ist, ein großes und besonders schmackhaftes Sortiment für Diabetiker anzubieten. Diese Mission hat einen persönlichen Hintergrund, denn der Bäcker leidet selbst unter Diabetes und ärgerte sich über das eingeschränkte und einfallslose Produktangebot in Bäckereien. Seine Vision ist: „Alle Diabetiker der Region kaufen ihre Backwaren in meinen Filialen."

Ihre Unternehmenskultur (Corporate Culture)

Sind Sie sich über Ihre Mission und Vision im Klaren, dann überprüfen Sie Ihre Unternehmenskultur, also die Art und Weise, wie Mitarbeiter aller Hierarchie-Ebenen miteinander umgehen, sich gegenseitig schätzen und respektieren, sich helfen und unterstützen. Eine gute Unternehmenskultur und ein gutes Betriebsklima bilden die Basis für Ihren Außenauftritt und Ihre Kundenbindung. Wenn das ganze Unternehmen eine positive Grundeinstellung hat, überträgt sich diese auch auf Ihre Kunden.

> Kundenorientierung, soziales Miteinander und Respekt können nur authentisch nach außen gelebt werden, wenn sie auch intern umgesetzt sind. Mitarbeiter, die sich bei Ihnen wohl fühlen, werden sich aus Überzeugung für Sie oder Ihr Unternehmen einsetzen.

Bringen Sie die Unternehmensziele und die Bedürfnisse der Kunden und Mitarbeiter deshalb in Einklang.

Checkliste: Wie gut ist Ihr Betriebsklima?

- Ihre Mitarbeiter fühlen sich im Team sehr wohl und pflegen einen respektvollen Umgang miteinander.
- Mobbing ist in Ihrem Unternehmen ein Fremdwort.
- Sie haben qualifizierte Bewerber und einen guten Ruf bei Schulabgängern.
- Die interne Kommunikation ist offen und ehrlich.
- Ihre Mitarbeiter haben kaum Fehlzeiten.
- Die Zahl der abwandernden Mitarbeiter ist gering.

Wenn Sie überall einen Haken gemacht haben, ist Ihr Betriebsklima hervorragend. Ihre Mitarbeiter haben Spaß an der Arbeit und alle ziehen an einem Strang. Wenn das nicht so ist, sollten Sie unternehmensintern Ihre Mission, Vision und so genannte Leitlinien kommunizieren und Ihre Zusammenarbeit und das gemeinschaftliche Miteinander verbessern.

Werte in Leitlinien festhalten

Schreiben Sie die zehn wichtigsten Werte Ihres Unternehmens auf, stimmen Sie diese mit den Vorstellungen Ihrer Mitarbeiter ab und veröffentlichen Sie dann die Leitlinien.

Checkliste: Leitlinien

- Welche Werte fördern das produktive Miteinander in Ihrem Unternehmen? Diese könnten sein: Freundlichkeit, Ehrlichkeit, Respekt, Kompromissfähigkeit, Kreativität, Flexibilität, Motivation.

- Überlegen Sie bei jedem Wert, warum das so ist. Z. B.: Wir sind kreativ in unserer Lösungsfindung, weil unsere Kunden individuelle Produkte brauchen. Wir sind ehrlich zu uns und unseren Kunden, weil so vertrauensvolle Beziehungen und produktives Miteinander entstehen.

- Formulieren Sie Ihre Werte exakt. Veröffentlichen Sie Ihre Leitlinien, z. B. im Intranet und Internet. Arbeiten Sie kontinuierlich daran, dass Ihre Werte im Unternehmensalltag gelebt werden. Stellen Sie Ihre Leitlinien und die Umsetzung regelmäßig auf den Prüfstand.

Das Erscheinungsbild (Corporate Design)

Verankern Sie in Ihrer Unternehmensidentität auch klare Richtlinien für Ihr Erscheinungsbild und Ihre Unternehmenskommunikation. Das ist der nächste Schritt zur Kundenbindung: Eine klare und eindeutige Unternehmensidentität muss nach außen deutlich sichtbar gemacht werden, damit der Kunde merkt, wofür Sie stehen und dass er sich auf Sie verlassen kann. Wenn folgende Elemente aufeinander abgestimmt sind, entsteht bei Ihren Kunden ein klares Bild: Name Ihres Unternehmens, Firmenlogo, Broschüren, Internetauftritt, Gestaltungsraster für Werbemittel, Arbeitskleidung, Formulare, Architektur der Betriebsgebäude, Farbgebung, Schriften, Telefonpausenmusik usw. Am besten stellen Sie alle Elemente Ihres Unternehmens nebeneinander. Ergibt sich ein einheitliches Bild?

Die Unternehmenskommunikation (Corporate Communications)

Das Erscheinungsbild sollte in der Kommunikation aufgegriffen werden, also in der Werbung, der Öffentlichkeitsarbeit (PR) und der internen Kommunikation. Das ist notwendig, weil Ihre Kunden viele Kleinigkeiten rund um Ihr Unternehmen realisieren, die zusammen ein Bild ergeben.

Beispiel: Das Äußere zählt

 Wenn Sie eine hohe Produktqualität versprechen, sollte nicht nur das Produkt dieses Versprechen halten, sondern auch die Broschüre hochwertig sein, Ihre Sprache seriös, der Kaffee beim Meeting schmecken und Ihr Anzug sitzen.

Achten Sie darauf, dass Ihr Unternehmen geschlossen wie eine einzige Person agiert – nach außen und nach innen. Nehmen Sie sich Zeit für Ihre Unternehmensidentität und leben Sie sie bewusst. Sie wird Sie, Ihre Kunden und Ihre Mitarbeiter für die nächsten Jahre begleiten.

2. Bieten Sie ein herausragendes Produkt an

Nachdem Sie sich über Ihre Unternehmensidentität im Klaren sind, können Sie Ihre Marktstrategie überprüfen. Loyale Kunden verlangen Profil und unverwechselbare, herausragende Produkte oder Dienstleistungen. Sie sollten mit Ihren Leistungsangeboten Vorteile für Ihre Kunden schaffen, die Ihre Wettbewerber nicht so leicht nachahmen können. Diese Vorteile können in der technischen Beschaffenheit, in der Funktionalität des Produkts oder in seiner Qualität liegen. Sie können aber auch aus Ihrer Marke resultieren.

Ihre Marke

Eine Marke steht für das Image eines Produktes, eines Unternehmens oder einer Person. Ziel eines Markenaufbaus ist, bei Kunden eine positive Wahrnehmung zu erreichen. Ein Markenartikel hat gegenüber einem No-Name-Produkt eine Reihe von Vorteilen: Starke Marken

- binden und begeistern Kunden,
- vermitteln Emotionen,
- rechtfertigen und festigen Preise,

- vereinfachen die Einführung neuer Produkte innerhalb einer Markenfamilie,
- überzeugen und binden den Kunden durch einen Qualitätsstandard.

Mit einer Marke geben Sie Ihren Kunden ein Leistungsversprechen, z. B. über die Produktqualität. Die Marke wird mit Werbemaßnahmen, Öffentlichkeitsarbeit oder anderen Marketing-Instrumenten an Ihre Zielgruppe kommuniziert. Bleiben Sie deshalb unbedingt ehrlich und geben Sie keine leeren Versprechungen. Denken Sie daran, dass ein Versprechen erfüllt werden muss, um vertrauenswürdig zu sein und Ihre Kunden zu binden. Das ist die Voraussetzung für den Erfolg Ihrer Markenführung.

Beispiel: Eine Marke ist ein Versprechen

 Ein Schreiner versucht sein Unternehmen als Markenunternehmen für stabile Kindermöbel zu positionieren. Seine Möbel sind jedoch nur ähnlich stabil oder sogar instabiler als Konkurrenzprodukte. Er wird es nicht schaffen, damit seine Marke erfolgreich zu etablieren. Er sollte nach anderen Versprechen suchen, die er wirklich authentisch erfüllen kann. Wenn er das Holz z. B. ungespritzt aus heimischen Wäldern bezieht, kann er sich mit geprüftem, heimischem, pestizidfreiem Öko-Holz profilieren.

Ihr Produktprofil

Ihr Markenversprechen muss keine Sensation sein. Die wenigsten Unternehmen bieten etwas völlig Neues und noch nie Dagewesenes. Sie finden aber garantiert etwas Besonderes rund um Ihr Unternehmen, und das ist Ihr Alleinstellungsmerkmal, Ihr Markenversprechen. Als Alleinstellungsmerkmal (auch als USP, unique selling proposition, bekannt) wird ein Leistungsmerkmal bezeichnet, welches Ihr Unternehmen, Ihre Produkte oder Dienstleistungen deutlich vom Wettbewerb abhebt. Sie kennen bestimmt viele Alleinstellungsmerkmale, denn als Verbraucher kommt man fast täglich durch Werbung mit ihnen in Berührung.

Beispiel: Alleinstellungsmerkmale

 Schmeckt Ihnen Melitta gefilterter Kaffee dank der „Aromaporen" besser als „normal" gefilterter Kaffee? Waschen Sie mit Persil Megaperls, damit Ihre Wäsche durch die Kraftperlen noch sauberer wird? Das alles sind Alleinstellungsmerkmale. Manche davon sind künstlich erzeugt, wieder andere resultieren aus einem nachweisbaren Produktnutzen.

Um Ihr Alleinstellungsmerkmal zu identifizieren, sollten Sie sich die folgenden Fragen stellen:

Checkliste: Ihr Alleinstellungsmerkmal

- Warum soll mein Kunde bei mir kaufen? Beispiel: Vielleicht bieten Sie als Möbelbauer einen 24-Stunden-Aufbau-Service?

- Was zeichnet mein Produkt gegenüber der Konkurrenz aus? Beispiel: Vielleicht ist Ihr Kinderstuhl wackelsicher, kann nie umfallen und ist absolut schadstofffrei?

- Welches Image schaffen meine Produkte / meine Dienstleistungen für den Kunden? Beispiele: Attraktivität, Prestige, Reichtum.

Das Alleinstellungsmerkmal ist Ihr stärkstes Verkaufsargument. Sie sollten es Ihrer Zielgruppe mitteilen und zum Gegenstand Ihrer Werbung machen. Welches Alleinstellungsmerkmal auch immer Sie haben, erst wenn es vom Kunden wahrgenommen wird und Sie sich damit von der Konkurrenz abheben, können Sie damit Erfolge verbuchen.

> Produktqualität ist kein Alleinstellungsmerkmal. Qualität wird von den Kunden heutzutage mehr denn je vorausgesetzt. Außerdem entscheidet der Kunde selbst, was für ihn Qualität ist. Geben Sie ihm eine Entscheidungshilfe und stellen Sie einen konkreten Qualitätsvorteil Ihres Produkts oder Unternehmens heraus.

Ihr Leistungsspektrum

Ihr Leistungsangebot hängt zum einen von den Kundenerwartungen und den Angeboten Ihrer Wettbewerber ab, zum anderen von Ihren Produktions- und Leistungsmöglichkeiten und Ihrer Unternehmensstrategie. Genauso wie Sie auf ein klares Unternehmensimage achten, sollten Sie eine klare Leistungsidentität haben. Heben Sie sich von den „Alleskönnern" ab und konzentrieren Sie sich auf das, worin Sie wirklich gut sind. Spezialisieren Sie sich. Die Konzentration auf Ihre Kernkompetenzen und ein klar umrissenes Leistungsangebot haben für Sie einen wesentlichen Vorteil: Sie verbessern Ihre Kundenbindung. Wie das, wo Sie doch eventuell Kunden durch eine Sortimentsbeschränkung verlieren könnten? Weil Sie sich damit ganz auf Ihre Zielgruppe einstellen. Durch steigende Erfahrung in der Branche und detailliertes Wissen über Ihre Zielgruppe können Sie nicht nur produktiver und effizienter werden, sondern Ihren Leistungsumfang zielgruppengerecht anpassen. Sie werden zum Experten und Ihre Kunden haben ein klares Bild von Ihnen im Kopf.

Beispiel: Nachteile von Alleskönnern

 Wenn Sie Kindermöbel, Schokoladenriegel und Teppichreinigungen anbieten, dann sind Sie für Ihre Kunden schwer einzuordnen. Zudem sprechen Sie völlig verschiedene Zielgruppen an, die unterschiedliche Bedürfnisse haben – Sie werden dabei keiner wirklich gerecht.

Trennen Sie sich von ertragsschwachen Produkten oder tauschen Sie diese gegen ertragsstarke aus – es sei denn, in diesen Produkten liegt Ihr Alleinstellungsmerkmal, das auf das Image Ihrer anderen Produkte positiv ausstrahlt. Sie können von der Bekanntheit, der Kundenbindung und der Qualität eines Fremdherstellers profitieren, indem Sie Teile Ihrer Produkte oder Ihrer Dienstleistungen von anderen Herstellern mit starken Marken produzieren lassen und in Ihr Leistungsangebot einbinden. Damit bieten Sie Ihren Kunden einen Zusatznutzen.

Beispiel: Marken von Lieferanten nutzen

 Ein Digitalkamerahersteller, der Zeiss-Objektive in seine Kameras integriert, kann seine Produkte besser vermarkten und höhere Preise verlangen. Er profitiert von der Markenstärke des Partners.

Die Qualität Ihrer Produkte und Leistungen

Qualität und Produktnutzen sind wichtige Kriterien für Ihre Produktentwicklung und Ihr Leistungsangebot. Wie viel Qualität oder Zusatznutzen möchte Ihre Zielgruppe wirklich, wofür ist sie bereit, mehr zu zahlen?

Beispiel: Zusatznutzen abwägen

 Eine teure Uhr zeigt ebenso die Zeit an wie eine günstige. Der Zusatznutzen, den der Kunde mit der teuren Uhr erhält, besteht aus Zusatzfunktionen wie Stoppuhr, Schritt- und Pulsmessung, Wecker, aber auch dem ansprechenden Design und dem Prestigegewinn.

Zu Ihrem Produkt- oder Dienstleistungsangebot gehört natürlich auch die Gestaltung der Verpackung und der Versandservice. Eine hochwertige Leistung verdient und verlangt zugleich eine edle Darbietung.

3. Legen Sie den richtigen Preis fest

Sie könnten günstiger als der Wettbewerb anbieten, aber damit begeben Sie sich langfristig leicht in einen ruinösen Preiswettbewerb. Sie binden mit einer reinen Preisstrategie keine rentablen Kunden, sondern ziehen Schnäppchenjäger an, die Ihnen den Rücken kehren, wenn Ihre Konkurrenz noch niedrigere Preise hat. Bedenken Sie: Die Kunden, die man über den Preis gewinnt, verliert man auch wieder über den Preis.

Wie man den richtigen Preis findet

Natürlich gilt: Sie müssen sich bei der Bestimmung der Preise an Ihrem Wettbewerb orientieren. Wenn der Markt hohe Preise nicht zulässt, müssen Sie auch preislich konkurrenzfähig sein. Andererseits schließen viele Kunden, vor allem bei komplexen und undurchschaubaren Produkten, vom Preis auf die Qualität. Ein hoher Preis kann auch dabei helfen, Kunden zu gewinnen. Überlegen Sie sich daher bei der Festlegung Ihrer Preise, welche Preisstrategie Sie verfolgen möchten. Sie haben die Wahl zwischen verschiedenen Preisstrategien.

- Sie können eine Festpreisstrategie wählen, bei der Sie z. B. immer den Höchstpreis im Markt haben.
- Sie können Ihre Produkte auch hochpreisig in den Markt einführen und nach und nach günstiger werden.

Realistisch bleiben

Ihre Preisstrategie ist abhängig von Ihren Unternehmenszielen und dem Image, das Sie kommunizieren möchten. Doch beachten Sie: Die Höhe des Preises muss mit der Kundenwertschätzung Ihrer Leistung übereinstimmen. Legen Sie realistische und nachvollziehbare Produkt- und Dienstleistungspreise fest. Für eine hochwertige Qualität und einen besseren Service sind die meisten Kunden bereit, mehr zu bezahlen. Sie erwarten dann sogar einen höheren Preis. Rabatte, Skonti und Sonderpreise sind Maßnahmen, die Sie in Ihrer Preisgestaltung einsetzen (mehr dazu ab S. 80).

4. Bieten Sie Ihren Kunden Service

Service gehört in das Repertoire jedes Unternehmens, das langfristig am Markt erfolgreich sein möchte. Verstehen Sie Service nicht nur als Möglichkeit, Ihre Kunden zufriedenzustellen, sondern als gezielte Zukunftsstrategie, die wesentlich zu Ihrem Unternehmenserfolg beiträgt. Sie können mit Service Ihre Kunden vor, während und nach dem Kauf überzeugen und erfolgreich an Ihr Unternehmen binden. Alle Leistungen, die über das eigentliche Produkt oder die grundlegende Dienstleistung hinausgehen, gelten als Service. Serviceleistungen, welche die Erwartung Ihrer Kunden übertreffen, werden von ihnen als Zusatzleistungen erlebt, quasi als Geschenke. Geschenke sind angenehm, und Ihre Kunden danken es Ihnen durch Loyalität und Weiterempfehlungen.

Beispiel: Service als Erfolgsfaktor

 Wenn Sie DSL-Anschlüsse anbieten, verkaufen Sie erfolgreicher, wenn Sie einen Installationsservice und Einführungstraining vor Ort anbieten.

Es gibt Serviceleistungen, die Ihre Kunden von Ihnen erwarten. Erstellen Sie eine Liste dieser und zusätzlicher Services, mit denen Sie Ihre Kunden begeistern können. Denken Sie quer! Verfolgen Sie nicht nur die üblichen Servicestrategien in Ihrer Branche, sondern trauen Sie sich, einen Blick über den Tellerrand zu werfen. Wer hätte früher gedacht, dass sich Tankstellen zu ganzen Servicestationen entwickeln? Und dass sie dabei mehr Kunden binden, denn je – trotz ihres austauschbaren Produkts Mineralöl.

Service vor dem Kauf (Pre-Sales-Service)

Zum Service vor dem Kauf gehören z. B. verständliche Informationen auf der Website, Broschüren mit Funktionsübersichten, die schnelle Beantwortung von Anfragen über E-Mail oder Telefon, Produktpräsentationen vor Ort, ein persönlicher Empfang, angemessene Finanzierungspläne

Service beim Kauf (Sales-Service)

Der Service beim Kauf erstreckt sich von der Geschenkverpackung, über die Lieferung, den Aufbau und die Installation bis hin zur Möglichkeit einer Garantieverlängerung.

Service nach dem Kauf (After-Sales-Service)

Ihr Service sollte gerade nach dem Kauf besonders gut sein. Bleiben Sie mit Ihren Kunden in Kontakt. Fragen Sie sie, ob alles wie gewünscht ist. Informieren Sie über Updates und Weiterentwicklungen des Produktes und stellen Sie ihnen passende Angebote vor. Aber Achtung: Holen Sie hierfür vorher das Einverständnis der Empfänger ein.

Falls es einmal Schwierigkeiten geben sollte, erwartet Ihr Kunde schnellen und kompetenten Support: online, telefonisch und vor Ort. Für laufende Einnahmen sorgen Wartungsverträge, die zugleich hervorragender Service sind. Solche Verträge sollten immer auf freiwilliger Basis entstehen – der Kunde sollte nicht zum Abschluss gezwungen werden.

Wettbewerbsfaktor Service

Gerade als kleines Unternehmen können Sie sich mit persönlichem und kundengerechtem Service von großen und bürokratisch geführten Organisationen abheben.

Beispiel: Service auf Anfragen

 Ihre Kunden fordern nicht über eine anonyme Hotline einen Servicetechniker an, der erst in vier Wochen und nur werktags zwischen neun und zehn Uhr kommt. Sie rufen bei Ihnen persönlich an und profitieren von individuellen Terminen.

Durch Service können Sie sich nicht nur von anderen Unternehmen abheben, ein guter und kundengerechter Service bringt Ihnen und Ihrem Unternehmen darüber hinaus weitere Vorteile: Bei komplexen und kaum durchschaubaren Produkten kann der Kunde die Qualität, die Funktion und insbesondere die Vorteile gegenüber Produkten von der Konkurrenz schlecht beurteilen. Sehr wohl beurteilen kann ein Kunde aber den Service, der ihm von Ihnen und Ihren Mitarbeitern entgegengebracht wird. Die gefühlte Servicequalität wird auf das Produkt übertragen. Von einem guten Service wird auf ein gutes Produkt geschlossen.

Beispiel: Service im Versicherungsvertrieb

 Versicherungsprodukte sind Versprechen, irgendwann bei einem Schadensfall Zahlungen zu leisten. Die Versicherungsbedingungen, von der Rechtsabteilung des Versicherungsunternehmens formuliert, sind nur für juristisch Geschulte durchschaubar, nicht jedoch für den normalen Versicherungskunden. Auch die versicherungsmathematische Berechnung des Beitrags ist für Kunden kaum nachvollziehbar. Das Versicherungsprodukt kann also vom Kunden schwerlich hinsichtlich seines Preis-Leistungs-Verhältnisses beurteilt werden. Daher ist es wichtig, dass der Versicherungsvertrieb den Kunden Serviceleistungen bietet, z. B. Tipps für die Reparatur seines durch einen Unfall beschädigten Autos oder Hilfe bei der Steuererklärung. Diese Serviceleistungen kann der Kunde erleben und das positive Erlebnis auf die Versicherungsprodukte übertragen.

Service darf kosten

Service muss nicht kostenlos sein. Er dient nicht nur der Kundenbindung, sondern ist eine gute Möglichkeit, Ihren Umsatz zu steigern, wenn Ihre Kunden für Serviceleistungen zusätzlich bezahlen. Sie können die Kosten für den Service mit der Gesamtleistung abrechnen.

Beispiel: Service im Gesamtpreis enthalten

Die Lieferung und der Aufbau bei hochwertigen Möbeln sind oft inklusive, da der Möbelpreis diesen Service enthält. Auch bei Versicherungsprodukten sind normalerweise Abschluss- und Bestandsprovisionen, die die Serviceleistungen der Vermittler vergüten, in die Beiträge einkalkuliert.

Machen Sie Ihren Kunden unbedingt immer wieder Ihren besonderen Service und die Vorteile, die sich für ihn daraus ergeben, bewusst.

Mitarbeiter zu besonderem Service motivieren

Service ist häufig zeitintensiv und fordert die Bereitschaft Ihrer Mitarbeiter. Wenn allen Beteiligten der Nutzen deutlich ist, bringen sie sich gerne ein. Doch wo sehen die Mitarbeiter ihren Nutzen in der Kundenbindung? Manche sind froh, wenn die Kunden froh sind und das reicht ihnen. Manche wollen monetäre Anreize, andere sehen die Arbeitsplatzsicherheit, die Kundenbindung schafft, im Vordergrund.

Wenn Sie auf langfristige Motivation abzielen, sollten Sie nicht alleine auf monetäre oder Sachanreize setzen. Umfragen haben ergeben, dass vor allem Lob und Anerkennung des Vorgesetzten im täglichen Arbeitsumfeld motivierend wirken.

Es macht stolz, Erfolg zu haben, mit treuen Kunden zu arbeiten und herausragende Produkte anzubieten. Jeder will erfolgreich sein, und wenn Ihre Mitarbeiter sich bei der Kundenbindung engagieren, haben Sie alle Erfolg. Dieses Denken

motiviert und färbt auf das gesamte Arbeitsklima ab. Fragen
Sie Ihre Mitarbeiter nach neuen Ideen – oft kommen von
ihnen sehr gute Anregungen.

5. Kommunizieren Sie regelmäßig mit Ihren Kunden

Kommunizieren heißt, sowohl Ihren Kunden Informationen,
beispielsweise in Form eines Newsletters, zukommen zu lassen, als auch Informationen von Ihren Kunden einzuholen.
Z. B., indem Sie die Zufriedenheit eines Kunden abfragen.
Zweiseitig wird die Kommunikation, wenn Sie auf Anfragen
des Kunden reagieren. Regelmäßige Kontaktaufnahmen bieten Ihnen die Möglichkeit, Ihren Kunden die Vorteile, die ihm
seine Treue zu Ihrem Unternehmen bietet, bewusst zu machen. Studien aus der Psychologie belegen, dass die Sympathie für ein Produkt oder Unternehmen durch gute Kommunikation mit der Anzahl der Kontakte steigt. Aus diesen Grün-
den ist die regelmäßige Kommunikation mit den Kunden ein
unerlässlicher Baustein professioneller Kundenbindung.

Kontaktpunkte als Schlüssel zur Kommunikation

Ihre Kunden treten mit Ihrem Unternehmen in verschiedenen
Momenten direkt oder indirekt in Kontakt. Kontaktpunkte
sind dabei nicht nur die Momente, die Sie persönlich erleben
und gestalten können, wie Telefonate oder persönliche Gespräche, sondern auch der Besuch Ihrer Website oder die
Fahrt des Kunden auf den Firmenparkplatz. Wann immer die
Kunden mit Ihrem Unternehmen in Kontakt kommen, sollte

Ihr Außenauftritt das Unternehmensimage bestätigen. Mit einer guten Gestaltung Ihrer Kontaktpunkte erhöhen Sie Ihre Kundenbindung und überzeugen auch Neukunden.

Welche Kontaktpunkte gibt es?

Ihre Kunden sollten einen einheitlichen, vertrauenserweckenden Eindruck von Ihrem Unternehmen erhalten, der sie zufrieden stellt und von Ihrer Leistung überzeugt. Empfehlungen für die Gestaltung sind:

- **Gebäude und Räume:** Alle Gebäude sollten sauber und ansprechend sein. Müll im Eingangsbereich oder fleckige Tapeten am Empfang wirken nicht vertrauenserweckend. Haben Sie Kundenparkplätze in der ersten Reihe? Gibt es Sitzmöglichkeiten und aktuellen Lesestoff am Empfang? Die Gebäude sollten richtig beschriftet sein, damit sich Ihre Kunden schnell zurechtfinden.

- **Menschen:** Besetzen Sie Ihren Empfang mit kompetentem, freundlichem und zuverlässigem Personal. Sorgen Sie dafür, dass Ihr Unternehmen zu den üblichen Geschäftszeiten erreichbar ist. Schulen Sie Ihre Mitarbeiter in Bezug auf den Kundenkontakt und geben Sie wichtige Unternehmensinformationen rechtzeitig weiter. Nicht nur Sie, sondern alle Unternehmensvertreter sollten Ihr Unternehmen gut kennen und die richtigen Informationen für Interessenten parat haben. Ein gepflegtes, freundliches Auftreten sollte selbstverständlich sein.

- **Unternehmensauftritt / Informationsmaterial:** Gestalten Sie Ihre Informationsmaterialien und Ihre Produktverpackungen unter Beachtung Ihres Corporate Designs ansprechend, aussagekräftig und verständlich. Achten Sie auf die Regalplatzierung Ihrer Produkte. Ziehen Sie die Augenhöhe im Regal der Streck- oder Bückzone vor. Führen Sie Ihr Firmenlogo, Ihre Anschrift und die Ansprechpartner auf. Achten Sie bei Ihrer Website auf eine klare Struktur.

Am besten gehen Sie die folgende Liste durch und prüfen, ob die Kontaktpunkte in Ihrem Unternehmen wie oben dargestellt kundenbindungsgerecht gestaltet sind.

Checkliste: Kontaktpunkte gestalten

Kontaktpunkte
Gebäude und Räume
▪ Büroräume, Innenausstattung
▪ Produktionsstätten
▪ Zugang und Wege zu Unternehmensgebäuden
▪ Gebäudebeschilderungen
Menschen
▪ Mitarbeiter
▪ Lieferanten und Zusteller
▪ Partner
▪ Kunden
Unternehmensauftritt / Informationsmaterial
▪ Website
▪ Geschäftspapiere
▪ Broschüren
▪ Pressematerialien

- Anzeigen, Plakate, Mailings
- Firmensymbole, Logos
- Produktverpackung und Regalplatzierung
- Fahnen

Beispiel: Folgen schlecht gestalteter Kontaktpunkte

 Ein Restaurant bietet hervorragendes Essen, die Küche ist sehr sauber. Die Tischtücher sehen jedoch fleckig aus und die Toilettenhygiene lässt zu wünschen übrig. Die Kunden übertragen das Hygieneerlebnis auf das Essen und bleiben aus.

Kontaktpunkte bewusst gestalten

Kunden bewerten die gesamte Erfahrung mit Ihrem Unternehmen und nicht nur Ihre Kernleistung. Beachten Sie die Gestaltung Ihrer Kontaktpunkte besonders, wenn Sie im Service- oder Dienstleistungsbereich tätig sind. Denn hier muss Ihr Kunde Ihnen mehr vertrauen, da Sie etwas Immaterielles anbieten. Sein Kaufrisiko ist größer. Überzeugen Sie ihn, indem Sie Ersatzkriterien für die Beurteilung der Leistung einsetzen. Machen Sie die Qualität Ihrer Leistungen sichtbar.

1 **Informieren Sie über Ihre Leistung:** Bestimmte Produkt- oder Dienstleistungskriterien können vor dem Kauf oder der Inanspruchnahme einer Dienstleistung vom Kunden in Erfahrung gebracht werden.

Beispiel: Sichtbare, überprüfbare Kriterien

 Bei einem Friseursalon sehen die Kunden im Schaufenster Preise, Umfang der Leistung (Haarschneiden, Färben) und die Ausstattung des Salons. Dies und die örtliche Lage sind entscheidend, ob das Angebot überhaupt in die engere Auswahl kommt.

Unterstützen Sie Ihren Kunden, indem Sie ihm alle wichtigen Informationen zur Verfügung stellen. Nur was der Kunde weiß, kann er auch beurteilen.

2 **Gleichen Sie fehlende Kundenerfahrung durch Referenzen aus:** Erfahrungen haben Ihre Kunden mit Ihrem Unternehmen erst nach dem Kauf oder der Erbringung der Dienstleistung.

Beispiel: Erfahrungswerte

 Bei einem Friseurbesuch können Kunden erst nach Leistungserbringung die Qualität des Haarschnitts oder der Beratung beurteilen.

Geben Sie Ihrem Kunden Sicherheit durch vertrauensbildende Maßnahmen:

— Bieten Sie ihm z. B. eine Geld-zurück-Garantie.

— Zeigen Sie Ihre Zusatzqualifikationen, z. B. in Form von Urkunden an der Wand.

— Nutzen Sie gute Referenzen und Weiterempfehlungen. Hängen Sie sie im Schaufenster oder in Ihrem Unternehmen auf, veröffentlichen Sie sie auf Ihrer Website und in Ihren Broschüren und Werbemitteln.

3 **Überzeugen Sie durch Argumente:** Letztlich muss Ihnen der Kunde einfach vertrauen und Ihren Aussagen glauben. Bestimmte Qualitäten Ihrer Dienstleistung oder Ihres Produktes können für ihn gar nicht oder nur mit den Kosten hierfür sichtbar gemacht werden. Helfen Sie ihm, Vertrauen aufzubauen. Belegen Sie Ihre Qualität durch Testberichte, Qualitätsurteile, Gutachten oder gewonnene Preise von unabhängigen Dritten.

Beispiel: Vertrauen

Ist das Färbemittel des Friseursalons wirklich ohne Konservierungsstoffe?

So finden Sie Ihre wichtigsten Kontaktpunkte

Betrachten Sie Ihr Unternehmen mit den Augen des Kunden. Finden Sie die Kontaktpunkte, indem Sie den Weg des Kunden und seine Berührungspunkte mit Ihrem Unternehmen tabellarisch darstellen (siehe nächste Seite). Bewerten Sie die Wichtigkeit der Punkte und beziehen Sie Ihre Kunden dabei ein. Diese wissen am besten, worauf es ankommt. Sie werden zufriedenere Kunden haben, wenn Sie die Erlebnisse, die der Kunde als qualitätsrelevant einstuft, optimal gestalten.

Beispiel: Kontaktpunkt optimieren

Lassen Sie Ihren Kunden nicht am Empfang stehen, sondern bitten Sie ihn, sich zu setzen. Servieren Sie ihm Kaffee, Kekse und ein Glas Wasser. Weisen Sie darauf hin, dass er mit seinem Laptop über WLAN ins Internet kann. Das kostet Sie kaum etwas, bringt ihm aber einen hohen Zusatznutzen.

Beispiel: Kontaktpunktanalyse im Restaurant

Weg des Kunden	Achten Sie auf:	Interne Prozesse
Tel. Reservierung	freundlich, kompetent, hilfsbereit, erreichbar	Koordination, Planung
Anfahrt	Wegbeschreibung vorhanden, verständlich	Unternehmensmaterialien,
Parken	Kundenparkplatz in der Nähe	Beschilderungen,
Eingang/ Räume	passend zur Klientel	Räumlichkeiten, Sauberkeit und
Empfangspersonal	freundlich, gepflegt, zuvorkommend	Hygiene, Stil und Ausstattung
Tisch	sauber, vollständiges Gedeck, ansprechend, Appetithäppchen	Service, Wäscherei,
Auswahl der Speisen und Bestellung	zuvorkommend, hilfsbereit, Empfehlungen, Service, ansprechendes Speisekartendesign, Kellner schnell erreichbar	Lieferanten, Warenkette, Lagerung der Lebensmittel,
Essen	schnelle Bedienung, sehr gute Qualität , Nachlieferung, Kellner schnell erreichbar	Bestellsystem, Zubereitung, Mitarbeiter,
Rechnung	Preis-Leistungsverhältnis, Gratiszugaben	Kleidung, Kostenrechnung
Verabschiedung	freundlich, persönlich und „Wir freuen uns auf Ihren nächsten Besuch!"	

Kundendaten – Ihr wertvoller Schatz für Kundenbindung

Je mehr Sie über Ihre Kunden und Ihre Zielgruppe wissen, desto erfolgreicher sind Sie. Sie können besser kommunizieren, leichter neue Kunden gewinnen und bereits gewonnene Kunden langfristig binden. Um die Vorteile Ihres Kundenwissens effizient nutzen zu können, sollten Sie die kundenbezogenen Daten in einer Kundendatenbank auf Ihrem Computer speichern und auswerten. Im Kapitel „Nützliche Software" (ab S. 89) stellen wir Ihnen dazu geeignete Software vor.

Vorteile einer Kundendatenbank

Natürlich können Sie Ihre Kundendaten auf Zetteln, in Schubladen, Kartons, Notizbüchern, Ordnern oder Adressbüchern organisieren. Abgesehen vom Chaos, das wahrscheinlich nach einiger Zeit entstehen wird, verzichten Sie damit auf erhebliche Vorteile, die Ihnen eine gut gepflegte Kundendatenbank auf Ihrem Computer ermöglicht.

Der gleiche Wissensstand für alle Mitarbeiter

In einer zentralen Kundendatenbank sind die relevanten Daten für alle dazu berechtigten Mitarbeiter mit Kundenkontakt zugänglich. Jeder Mitarbeiter kennt die Kunden gleich gut und kann sie dadurch optimal versorgen.

Kundendaten einfach auswerten

Mit einer zentralen Kundendatenbank haben Sie eine 360-Grad-Sicht auf den Kunden. Sämtliche Korrespondenz, wie z. B. Telefonnotizen, E-Mails, Angebote, ist als komplette Historie in der digitalen Kundenakte gespeichert. So sind Sie stets über Ihren Kunden im Bilde und können diese Informationen einfach auswerten und für Vertriebsaktivitäten nutzen. Die Ergebnisse können Sie sich anschaulich in unterschiedlichen Formaten, z. B. als Diagramm oder Tabelle, anzeigen lassen. Durch die gezielte Auswertung ergibt sich aus vielen kleinen Einzelteilen ein Gesamtbild, das für Ihre Unternehmenstätigkeit und Ihre Kundenbindung von Bedeutung ist: Der Wert eines jeden Kunden wird damit sichtbar.

Beispiel: Auswertung der Kundendaten

 Anhand der Daten können Sie Kaufzusammenhänge wie Vorlieben oder das Kaufverhalten der Kunden und den Wert des einzelnen Kunden für Ihr Unternehmen erkennen.

Kundenbedürfnisse erkennen – Verkaufschancen nutzen

Auswertungen helfen Ihnen, Kundenbedürfnisse rechtzeitig zu erkennen. Sie können so z. B. Angebote zu einem besonders erfolgversprechenden Zeitpunkt unterbreiten.

Beispiel: Kurzfristige Geschäftschancen

 Wer Kundenbedürfnisse kennt, kann dieses Wissen kurzfristig für Geschäftschancen nutzen: Wenn der Leasingvertrag für ein Auto oder ein Mobilfunkvertrag für das Handy in absehbarer Zeit ausläuft, ist das der ideale Zeitpunkt, um dem Kunden ein neues Angebot zu unterbreiten. Wer vor einem halben Jahr einen Drucker gekauft hat, benötigt bestimmt neuen Toner.

Wichtig ist das Erkennen von Geschäftschancen, damit Sie diese in Umsätze umwandeln können. Sie sehen anhand der Auswertung von Kundendaten, ob es sich lohnt, die Chance weiterzuverfolgen, oder ob Sie sich den Aufwand sparen können. Geschäftschancen bieten sich unter anderem bei Kunden, die innerhalb einer bestimmten Zeit garantiert ihren Bedarf decken werden, oder bei Kunden, die bereits etwas gekauft haben und sich für Zusatzangebote interessieren.

Dazu eröffnet eine Kundendatenbank die Möglichkeit zu einer Kundenklassifizierung, die über die klassische ABC-Einordnung hinausgeht. Sie können Ihre Kunden nach begeisterter Kunde, Multiplikator, unzufriedener Kunden usw. klassifizieren. So können Sie in der Kommunikation eine entsprechende Tonalität und Argumentation wählen. Auch lassen sich durch eine Analyse z. B. Kaufzusammenhänge als Vertriebspotenziale nutzen.

Beispiel: Kaufzusammenhänge nutzen

 Ein Bekleidungsunternehmen stellt fest, dass Kunden, die eine blaue Anzugshose gekauft haben, oft auch eine rote Krawatte kauften. Man kann dieses Wissen nutzen, um Kunden, die sich für eine blaue Hose entscheiden, bewusst eine rote Krawatte zu empfehlen.

Kommunizieren mit Kunden

Ihre Kundendatenbank hilft Ihnen auch, mit Ihren Kunden zu kommunizieren, sie richtig anzusprechen und durch Personalisierung und individuelle Leistungsangebote zu binden. Sie können Ihre Kunden z. B. mit Mailings einfach über Sonderaktionen informieren und zum Tag der offenen Tür einladen. Doppelansprachen, falsche Anreden oder Adressen gehören mit einer gut geführten Kundendatenbank der Vergangenheit an. Durch die Integration von Webanwendungen, z. B. Online-Telefonbüchern, ist ein schneller Datenabgleich möglich.

Je profitabler ein Kunde für Ihr Unternehmen ist, desto wertvoller ist der Kunde für Sie. Den Kundenwert können Sie über verschiedene Wege ermitteln. Am einfachsten ist es, Kosten und Nutzen der Kundenbeziehung gegenüberzustellen und zu bewerten. Ihre Kosten für die Beziehungspflege sollten nicht höher sein, als der Nutzen, den Sie mit Ihrem Kunden generieren. Dieser Nutzen kann in höheren Umsätzen, in Empfehlungen für Neukunden oder auch in zukünftig zu erwartenden Erträgen liegen.

Sie können so Ihre Kundenbeziehungskosten an den Wert des jeweiligen Kunden anpassen und profitablere Kunden mit exklusiven Vorteilsangeboten binden. Der Kundenwert kann sich im Laufe einer langjährigen Kundenbeziehung für Ihr Unternehmen auch ändern, daher lohnt es sich, den Kundenwert von Zeit zu Zeit zu überprüfen.

Was Sie über Ihre Kunden wissen sollten

Ihre Kundendaten sollten mehr als eine reine Adressdatei sein: Sie benötigen für den Aufbau guter Kundenbeziehungen sowohl persönliche, berufliche als auch geschäftliche Daten über Ihren Kunden. Prüfen Sie mit den nachfolgenden Listen, welche Informationen für Ihre Kundenbeziehung relevant sein könnten und passen Sie sie auf Ihr Unternehmen an.

Berufliche und persönliche Daten

Berufliche Informationen über Ihre Kunden helfen Ihnen, z. B. die Position der Kunden in deren Unternehmen einzuordnen und sie und ihre Unternehmen perfekt zu bedienen. Wenn Sie die Meinungsführer und Stimmungsmacher in einem Unternehmen kennen, können Sie diese entsprechend behandeln.

Checkliste: Fragen über das berufliche Umfeld

- Welche berufliche Position hat mein Kunde inne?
- Ist er berechtigt, Kaufentscheidungen zu treffen?
- Wer beeinflusst meinen Kunden (wen müssen Sie noch überzeugen)? Wer ist der „Türsteher" vor meinem Kunden? (Beispiel: die Sekretärin)
- Wer vertritt meinen Kunden, wenn er nicht da ist?
- Welche Bedarfe hat das Unternehmen?
- Werden weitere Investitionen angestrebt? Wie groß ist die Kaufkraft?

Persönliche Daten liefern Ihnen wichtige Informationen über Ihren Kunden. Wie „tickt" er, was gefällt ihm und mit welchem Menschen haben Sie es zu tun? Diese Informationen bieten Ihnen gute Gesprächsanknüpfungspunkte für den persönlichen Verkauf. Gespräche, die auf einer persönlich interessierten Ebene stattfinden, sind wesentlich erfolgreicher als reine Verkaufsgespräche. Achten Sie darauf, dass manche dieser persönlichen Daten aus Datenschutzgründen nicht außerhalb Ihres Kopfs gespeichert werden dürfen. Nähere Informationen dazu erhalten Sie auf den Websites des Innenministeriums Ihres Bundeslandes.

Checkliste: Mögliche Fragen über Privates

- Welche Hobbys und Interessen hat mein Kunde?

- Wie ist sein Familienstand?

- Welche Kaufkraft hat er? Finanzielle Lage?

- Welchen Lebensstandard, Stil und welche innere Einstellung hat er?

Geschäftliche Daten

Daten über Geschäftsprozesse bei Ihren Kunden helfen Ihnen, zu erkennen, wie viel Umsatz Sie z. B. mit den jeweiligen Kunden gemacht haben und welche Kosten Sie dafür aufwenden mussten.

Checkliste: Geschäftsbeziehung und Kundenwert

- Ist Ihr Kunde ein Bestandskunde, Neukunde oder Interessent? Seit wann nimmt er Ihre Leistung in Anspruch?

- Wie und wann kam der Kontakt zustande? Durch welches Medium (z. B. Kontaktaufnahme über Ihre Website, Anruf)? Wann haben Sie ihn zuletzt kontaktiert?

- Wie viel Umsatz konnten Sie mit Ihrem Kunden generieren? Wie viel Umsatz können Sie noch erwarten? Wie hoch waren dagegen Ihre Ausgaben?

- Für welche Produkte oder Dienstleistungen hat sich Ihr Kunde interessiert? Welche Angebote könnten noch wichtig werden?

- Welche Marketing-Aktion hat ihn erreicht / wurde an ihm durchgeführt? Informationen zur Planung weiterer Marketing-Aktionen.

- Wie steht es um die Zufriedenheit des Kunden? Gab es Beschwerden? Welche Kosten wurden durch Reklamation verursacht?

- Hat Ihr Kunde Sie weiterempfohlen? Welche Neukontakte kamen durch ihn zustande?

Machen Sie sich nach jedem Kundenkontakt in der Kundendatenbank Notizen. Protokollieren Sie z. B., wann Ihr Besuch stattfand, worüber Sie gesprochen haben, welche Kundenfragen noch beantwortet werden müssen, welche Materialien Sie schicken wollen, was Sie gemeinsam vereinbart haben.

So lernen Sie Ihre Kunden kennen

Wie kommen Sie aber an all die Daten, die Sie benötigen? Um Ihre Kunden kennenzulernen, können Sie z. B. Kundenumfragen durchführen. Diese können Sie auch nutzen, um Adressen zu aktualisieren, Referenzen, Kundenrückmeldungen und Verbesserungsvorschläge zu erhalten. Kundenumfragen tragen zur Kundenbindung bei. Ihr Kunde fühlt sich ernst genommen, wenn seine Meinung gefragt ist. Die meisten Kunden bringen sich gerne ein.

Kundenumfragen durchführen

Aufwändig muss eine solche Umfrage nicht sein. Sie legen einfach Ihren Produkten einen Umfragebogen bei, fragen Ihre Kunden im Internet nach ihrer Meinung, übergeben ihnen den Fragebogen persönlich oder bitten nach jedem Telefonat um ein paar Auskünfte zur Person, zu Ihren Produkten und zu Ihrem Unternehmen. Kundenzufriedenheitsumfragen sollten nicht dazu dienen, sich Bestätigung zu holen und sich dann auf den Lorbeeren auszuruhen. Verwerten Sie die Informationen sinnvoll weiter. Überlegen Sie dabei immer, wie Sie noch besser werden können.

Die richtigen Fragen stellen

Umfragen können Sie für jeden Unternehmensbereich einsetzen. Die Fragen sollten die Themen aufgreifen, die in diesen Bereichen für den Erfolg Ihres Unternehmens wirklich wichtig sind. Wofür Sie auf alle Fälle genügend Zeit einplanen sollten, ist die Entwicklung der Fragen. Überlegen Sie sich gut, was Sie wissen wollen und vermeiden Sie alle Worte, die den Kunden in eine bestimmte Richtung drängen könnten. Beschränken Sie die Fragen auf maximal zehn. Achten Sie auch darauf, dass sich die Antworten gut auswerten und zusammenfassen lassen.

Beispiel: Geschlossene und offene Fragen

 Setzen Sie geschlossene Fragen ein. Bei diesen Fragen wie „Sind Sie mit dem Support für XY zufrieden?" sind die Antworten „Ja / Nein / Geht so" möglich. Schließen Sie eine offene Frage an, bei der der Kunde seine Meinung in eigenen Worten mitteilt. „Warum sind Sie mit dem Service für XY (nicht) zufrieden?" Geschlossene Fragen verwenden Sie, um die Auswertung einfach und schnell zu machen; offene Fragen setzen Sie ein, um in die Tiefe gehen zu können.

Erwarten Sie nicht zu viele Antworten. Die meisten Ratgeber versprechen hier fantastische Zahlen. Doch ist eine Rücklaufquote von fünf bis zehn Prozent schon ein guter Erfolg. Um diese zu erhöhen, eignet sich ein kleines Dankeschön für die investierte Zeit oder ein Gewinnspiel. Verlosen Sie unter allen Teilnehmern ein paar attraktive Geschenke. Natürlich ist es Ihre Entscheidung, welche Anregungen Sie umsetzen möchten. Kunden binden zu wollen, bedeutet nicht, ihnen die Leitung des Unternehmens zu überlassen.

Platzieren Sie bei Ihrer Umfrage unbedingt einen Hinweis auf den vertraulichen Umgang mit den Kundendaten. Wenn Sie die Daten für Ihre Werbung nutzen wollen, benötigen Sie die Einwilligung des Kunden.

Auf einen Blick: Die Erfolgsfaktoren

- Werden Sie sich über Ihre Mission, Ihre Vision und Unternehmensidentität klar. Ziel sind ein einheitlicher Außenauftritt und eine deutliche Marktstrategie.

- Kundenbindung funktioniert selten mit einer Billig-Preisstrategie. Setzen Sie auf Qualität, Service und Markenauftritt.

- Gestalten Sie Ihre Leistungs- und Preisangebote image- und kundengerecht.

- Kommunikation ist das A und O der Kundenbindung. Liefern Sie Ihren Kunden wichtige Informationen über Ihre Leistungen und besorgen Sie sich von Ihren Kunden Informationen, wie zufrieden sie damit sind.

- Je mehr Sie über Ihre Kunden persönlich und beruflich wissen, desto mehr können Sie auf die Kunden eingehen.

- Umfragen sind eine Möglichkeit, Rückmeldungen Ihrer Kunden einzuholen und die Bedürfnisse Ihrer Kunden besser kennenzulernen.

Die richtigen Kundenbindungsmaßnahmen

Um mit Ihren Kunden in Dialog zu treten, sie zu binden und damit Ihre Unternehmensziele umzusetzen, steht Ihnen eine ganze Reihe von Instrumenten zur Verfügung. Vor deren Einsatz gilt es genau zu überlegen, welchen Nutzen jede dieser Maßnahmen für Ihr Unternehmen bringen kann.

Im folgenden Kapitel lesen Sie,

- wie Sie Ziele festlegen, die Sie mit den Maßnahmen erreichen möchten und damit Ihre Strategie festigen (ab S. 52),
- welche Maßnahmen sich für Ihre Zwecke am besten eignen (ab S. 54),
- wie Sie diese umsetzen und gestalten (ab S. 85).

Ziele formulieren und Strategie festlegen

In Abhängigkeit von Ihren Zielen bestimmen Sie, wie und in welchem Verhältnis Sie die Instrumente zur Erhöhung der Kundenbindung einsetzen. Bevor Sie an konkrete Maßnahmen denken, sollten Sie sich also erst einmal über Ihre Ziele im Klaren sein.

Ziele sollten SMART sein

Formulieren Sie konkret, was Sie mit den Maßnahmen erreichen möchten – mit SMART. Hinter dieser Abkürzung verbergen sich Merkmale, die Ihre Ziele beinhalten sollten:

S = spezifisch
M = messbar
A = aktiv
R = realistisch
T = terminiert

Wenn Sie diese fünf Punkte beachten, sind Sie ein Profi in der Zielformulierung.

So gehen Sie vor

Wenn Sie smart vorgehen, erhalten Sie Ziele, die wirklich zu Ihrem Erfolg beitragen. Arbeiten Sie hierfür die Zielsetzungsmerkmale Punkt für Punkt ab.

- **Spezifisch:** Formulieren Sie konkret, was Sie erreichen möchten. Ein Ziel muss eindeutig sein.

Beispiele für eindeutige Ziele

 Sie möchten innerhalb eines Jahres eine Umsatzsteigerung von 5% erreichen.

Mit einer Weiterempfehlungskampagne möchten Sie innerhalb eines halben Jahres 50 Neukunden gewinnen.

Sie möchten Ihren Bekanntheitsgrad mit einer dreiwöchigen Werbekampagne bei Ihrer Zielgruppe um 10% erhöhen.

- **Messbar:** Sie sollten die Zielerreichung kontrollieren können. Dafür sollten Sie die quantitativen, aber auch qualitativen Ziele so kontrollierbar wie möglich gestalten. Ein quantitatives Ziel ist durch konkrete Zahlen einfach zu kontrollieren: Sie haben exakt 50 Neukunden innerhalb des vorgegeben Zeitraums gewonnen. Qualitative Ziele sind schwieriger zu kontrollieren. Versuchen Sie Ihre Ergebnisse unter anderem mit Hilfe von Umfragen zu überprüfen. So erfahren Sie, ob Sie z. B. Ihre Bekanntheit bei der Zielgruppe erhöhen konnten.

- **Aktionsorientiert:** Sie müssen die Zielerreichung aktiv fördern können. Setzen Sie sich keine Ziele, auf deren Erreichung Sie keinen Einfluss haben, da vielleicht zu starke Abhängigkeiten von externen Faktoren gegeben sind.

- **Realistisch:** Achten Sie darauf, dass Ihre Ziele erreichbar sind. Ziele, die unrealistisch sind, wirken demotivierend – auf Sie und Ihre Mitarbeiter.

- **Terminiert:** Setzen Sie sich einen konkreten Termin, wann das Ziel erreicht sein soll.

Vorteile für Ihren Kunden

Ihr Kunde erhält durch Kundenbindungsmaßnahmen finanzielle und emotionale Vorteile, wenn er dem Unternehmen die Treue hält:

- **Materielle Vorteile**: z. B. Punkte sammeln und eine Gratis-Uhr bekommen, Preisnachlässe.
- **Soziale und emotionale Vorteile**: Clubmitgliedschaften, wie z. B. Ikea-Family-Club oder Swatch-Club. Der Kunde profitiert hier nicht nur von finanziellen Anreizen, sondern wird z. B. auch zu Ereignissen persönlich eingeladen – wie der exklusiven Präsentation einer neuen Uhren-Kollektion. So ergibt sich die emotionale Bindung aus der Zugehörigkeit zu einer sozialen Gemeinschaft.

Die zehn wichtigsten Maßnahmen

Im Folgenden sind zehn Maßnahmen aufgeführt, die Ihnen helfen, Kunden an Ihr Unternehmen zu binden.

Der Effekt auf das gesamte Marketing

Mit Kundenbindungsmaßnahmen unterstützen Sie auch Ihre sonstigen Marketing-Maßnahmen: Die hier genannten Instrumente dienen der Erhöhung Ihres Bekanntheitsgrads, der Absatzsteigerung, Ihrer Imagebildung, Neukundengewinnung und Informationsgewinnung.

Kundenbindungsmaßnahmen im Überblick	
Maßnahme	**Besonderheit / Effekt**
Kundenzeitschrift Newsletter	Regelmäßige Informationen bringen Sie bei Ihren Kunden immer wieder in Erinnerung.
Kundenbindungsprogramme	Monetäre und emotionale Vorteile für Ihre Kunden machen Treue zu Ihrem Unternehmen lukrativ.
Dialogmarketing	Die direkte personalisierte Ansprache bringt Ihre Wertschätzung für Kunden zum Ausdruck.
Presse- und Öffentlichkeitsarbeit	Spricht eine breite Zielgruppe an und sorgt für den Aufbau eines positiven Images.
Veranstaltungen	Holen Ihre Kunden in Ihr Unternehmen.
Sponsoring	Ihr Unternehmen wird als solvent, verantwortungsbewusst und engagiert wahrgenommen.
Persönlicher Verkauf	Schafft verbindliche persönliche Kundenbeziehungen – auch in schwierigen Situationen.
Umgang mit Beschwerden	Beschwerden ernst nehmen löst Probleme und eröffnet Verbesserungspotenzial.
Vergünstigungen	Schaffen Dankbarkeit und bauen Vertrauen auf.
Empfehlungen	Begeisterte Kunden empfehlen Sie weiter – die beste Art der Neukundengewinnung.

1. Kundenzeitschrift und Newsletter

Kundenzeitschriften und Newsletter sind bestens geeignet, um mit Ihren Kunden in Kontakt zu treten und sie regelmäßig zu informieren. Sie informieren so regelmäßig über Ihr Unternehmen und berichten über Entwicklungen in Ihrem Geschäftsumfeld. Mit den beiden Kommunikationsmitteln können Sie auch Referenzberichte oder wichtige Unternehmensneuigkeiten veröffentlichen.

So rufen Sie Ihr Unternehmen immer wieder in Erinnerung, beziehen Ihre Kunden in Unternehmensentwicklungen ein und machen sie – auch in ihrem eigenen Verständnis – zu einem wichtigen Teil Ihres Unternehmens. Diese Wertschätzung macht aus Ihren Kunden treue Kunden.

Kundenzeitschriften versenden Sie in gedruckter Form per Post. Je nach Kosten, Aufwand, Zielgruppe und Art der Branche, können Sie Ihre Kunden aber auch über ein elektronisches Medium wie z. B. einen Online-Newsletter informieren. Das ist günstiger, schneller und interaktiver, da Ihre Empfänger bei Interesse per E-Mail oder über eine Website auf Umfragen oder Gewinnspiele sofort antworten können.

Die persönliche Anrede Ihrer Kunden ist ein wichtiges Element guter Kundenbeziehungen. Positive Reaktionen rufen auch Newsletter hervor, die individuell auf Kunden abgestimmt sind. Dabei bekommen Ihre Kunden nur die Information, die sie wirklich interessieren.

Beispiel: Individualisierte Newsletter

 Eine Buchhandlung weiß, dass der Kunde Herr Meier gerne Kriminalliteratur liest. Per Newsletter informiert sie ihn und ihre anderen Krimis lesenden Kunden – und zwar nur diese – monatlich über Neuerscheinungen aus diesem Bereich.

Print oder elektronisch – und wie oft?

Sollen Sie einen digitalen Newsletter oder eine gedruckte Kundenzeitschrift versenden? Diese Entscheidung hängt neben den Herstellungs- und Versandkosten auch von Ihrem Produkt und Ihrer Zielgruppe ab.

Beispiel: Newsletter oder doch besser Printprodukt?

 Ein digitaler Newsletter bietet sich für eine Zielgruppe an, die mit Online-Medien vertraut ist. Sind Sie mit Ihren Produkten im Hochpreis- oder Luxussegment vertreten, dann gestalten Sie besser eine edle Kundenzeitschrift, die Sie per Post versenden.

Prüfen Sie, welche technische Möglichkeit Sie haben. Können Sie einen digitalen Newsletter innerhalb Ihres Unternehmens realisieren? Oder haben Sie einen Grafiker und Texter in Ihrem Unternehmen, der eine schön gestaltete Kundenzeitschrift umsetzen kann? Holen Sie sich bei Bedarf die Unterstützung von professionellen Werbeagenturen.

In welchem zeitlichen Abstand möchten Sie Ihre Publikation verschicken? Die Häufigkeit des Versands ist abhängig vom Informationsbedarf.

Beispiel: Wie oft soll ein Newsletter erscheinen?

 Für schnelllebige Produkte, wie z. B. Kleiderkollektionen, bietet sich ein monatlicher Newsletter an. Ein Versicherungsunternehmen kann hingegen viertel- oder halbjährlich informieren.

Behalten Sie den regelmäßigen Versand bei, um das Vertrauen in Ihr Unternehmen und Ihre Glaubwürdigkeit zu erhöhen.

Welche Informationen interessieren Ihre Zielgruppe?

Um Ihren Kunden attraktive und interessante Publikationen zu bieten und sie nicht zu langweilen oder gar zu verärgern, sollten Sie die drei Ns beachten: Neues, Nähe, Nutzen.

Jede Ihrer Publikationen sollte über Neues berichten, Nähe zum Kunden schaffen und Ihrem Kunden durch Informationen nützen. Die Nähe entsteht durch Interviews, Zitate und die Abbildung von Kunden. Auch journalistische Formen wie eine Reportage oder Kolumne lassen den Leser näher rücken. Ihre Veröffentlichung sollte auf jeden Fall eine klare Haltung einnehmen, um den Dialog zu fördern.

Beispiel: Kundenzeitschrift einer Versicherung

 Eine Versicherung veröffentlicht in ihrer vierteljährlichen Mitgliederzeitschrift Unternehmensentwicklungen und stellt neue Produkte vor. In Sonderberichten vertieft sie weiterführende Themen wie Berufsunfähigkeit, äußert sich zur neuen Rechtslage und gibt Tipps zum Thema Berufsausbildung.

Achten Sie auf ein gutes Mischverhältnis von unternehmensinternen Informationen und unternehmensexternen Zusatzinhalten. Bieten Sie Ihren Kunden mit guter Informationsqualität, d. h. interessanten Inhalten, die gut aufbereitet sind, einen echten Nutzen. Überlegen Sie sich, welche Themen Ihren Leser in Bezug auf Ihr Leistungsangebot noch interessieren könnten und bereiten Sie diese ansprechend auf.

Beispiel: Nutzen durch Information

 Ein Kaffeehersteller könnte seinen Kunden neben der Information über sein Produktsortiment auch Tipps für die Auswahl der richtigen Kaffeemaschine geben und die schönsten Reiseziele in typische Kaffeeländer vorstellen. Mit solchen Zusatzinformationen wird die Publikation für seine Zielgruppe interessanter.

Auch das Äußere zählt

Gestalten Sie Ihre Publikation ansprechend. Gut leserliche, klar gegliederte Rubriken und anschaulich verfasste Texte erhöhen das Lesevergnügen. Fotos und Grafiken lockern Fließtext auf und ziehen die Aufmerksamkeit des Lesers auf sich. Achten Sie bei jeder Ausgabe auf ein einheitliches Erscheinungsbild.

> Wenn Sie Ihrer Publikation Gutscheine beilegen, können Sie Ihre Kunden mit hoher Wahrscheinlichkeit kurz nach Versand in Ihrem Geschäft begrüßen. Befristen Sie das Gutscheinangebot zeitlich.

2. Clubs, Treuekarten und Mehrwert- programme

Mit Kundenclubs, Treuekarten und Mehrwertprogrammen, wie z. B. einer gehobenen Behandlung, die ein Kunde nicht mehr missen will, oder einem Bonus für den Folgekauf, schaffen Sie eine feste Kundenbindung. Events, Schulungen und materielle Vergünstigungen, zu denen Sie nur Clubmitglieder berechtigen, erzeugen ein Gefühl der Exklusivität und Zusammengehörigkeit. Ihre Kunden identifizieren sich mit Ihrem Unternehmen und werden häufiger bei Ihnen einkaufen, um Vorteile in Anspruch zu nehmen und noch mehr Vorteile zu erlangen.

Beispiel: Treuekarten nutzen

 Der Kunde erhält bei seinem Bäcker ab einem Einkauf von fünf Euro einen Stempel auf der Treuekarte. Nach zehn Stempeln bekommt er ein Brot gratis.

Der Genuss von Sonderleistungen und einer gehobenen Behandlung führt zu Kundentreue. Sie vermitteln damit, etwas Besonderes zu sein und erzeugen seine positive Grundeinstellung zu Ihrem Unternehmen. Stimmen Sie dabei den Wert der Vorzüge auf den Wert des Kunden für Ihr Unternehmen ab.

Was können Sie als Mehrwert bieten?

Es gibt eine Reihe von Mehrwerten, die Sie Ihren Kunden bieten können. Hier eine kleine Auswahl:

- Schulungen, Weiterbildungen
- Bestellvereinfachung
- Bequemere oder günstigere Lieferungs- und Zahlungsbedingungen
- VIP-Behandlung, z. B. VIP-Lounges

Sie können diese Vorteile auch über andere Unternehmen zur Verfügung stellen. So wird Ihr Vorteilsspektrum weiter. Mittlerweile gibt es sogenannte loyalty platforms, bei denen Vorteilsprogramme systematisch organisiert werden und beteiligte Unternehmen sich gegenseitig ihre Leistungen zu Sonderkonditionen zur Verfügung stellen. Dazu gehören z. B. Payback und Happy Digits. Kooperieren Sie mit einem anderen Unternehmen und bieten Sie Produkte oder die Teilnahme an Workshops zu Sonderkonditionen an.

3. Dialogmarketing

Beim Dialogmarketing suchen Sie den direkten Kontakt mit ausgewählten Kunden und geben ihnen die Möglichkeit, mit Ihnen zu kommunizieren. Der Austausch findet meist per Telefon, Post oder E-Mail statt. Der Anlass für eine Dialogmarketingaktion ist entweder ein Angebot oder der Wunsch, Rückmeldungen rund um die Zufriedenheit mit dem bereits gekauften Produkt zu sammeln. Da Dialogmarketing günstig ist und schnell umgesetzt werden kann, ist es eine effektive Maßnahme, um Kunden zu binden und den Umsatz zu steigern. Unternehmen aller Größen können die Maßnahmen einfach umsetzen.

Beispiel: Individuelles Dialogmarketing

 Ein guter Kunde des Weinhandels Vino, Herr Maier, hat in wenigen Tagen Geburtstag. Das Unternehmen sendet ihm eine Glückwunschkarte mit einem Gutschein für eine Flasche seines Lieblingsweins. Herr Maier besucht die Weinhandlung, erhält dort seine Geschenkflasche und darf weitere Weine verkosten. Er bestellt mehrere Flaschen der für ihn neuen Weine.

Am Rande eignen sich auch Werbemaßnahmen, um einen Dialog in Gang zu bringen, etwa kann eine Anzeige eine direkte Aufforderung an den Leser enthalten, sich zu melden (Response-Element). Sie sollten bei allen Dialogmarketing-maßnahmen Ihre Anschrift, E-Mail-Adresse und Telefon-nummer deutlich hervorheben.

Die Grundvoraussetzung für erfolgreiches Dialogmarketing sind gut gepflegte Adressen mit Zusatzinformationen, da Sie mit ihnen individuelle Angebote zielgerichtet anbieten kön-nen. Solche Zusatzinformationen sind z. B. Interessen Ihres Kunden, bereits gekaufte Produkte, Geburtstage.

Leitfaden: Erfolgreiches Dialogmarketing
1 Suchen Sie die richtigen Kunden für das Angebot.
2 Erstellen Sie den Adressverteiler.
3 Wählen Sie das richtige Angebot.
4 Wählen Sie den geeigneten Zeitpunkt.
5 Fassen Sie nach.

1 **Die richtigen Kunden suchen:** Idealerweise wendet man das Dialogmarketing situationsbezogen an: Die neue Lie-ferung Lederjacken ist eingetroffen, das Software-Update ist erhältlich oder es steht ein Jubiläum ins Haus. Überle-gen Sie gut, welche Kunden Sie ansprechen wollen, bevor Sie alle „mit der Gießkanne" kontaktieren. Sprechen Sie

nur Kunden an, für die Ihr Angebot relevant ist. Anderenfalls verärgern Sie die Adressaten.

Beispiele: Der richtige Kunde

Die neuen Lederjacken sind für Kunden verlockend, die sich schon einmal für Kleidung aus Leder interessiert haben. Eingefleischte Flanell-Träger werden sich für das Angebot nicht interessieren. Das Software-Update ist für die Kunden spannend, die diese Software gekauft haben. Zum Jubiläum lohnt es sich, wichtige Kunden, Geschäftspartner und Menschen aus der Region einzuladen.

2 **Erstellen des Adressverteilers:** Wenn Sie Ihre Zielgruppe definiert haben, können Sie den Adressverteiler erstellen. Ein Adressverteiler ist eine Liste mit relevanten Adressen für eine bestimmte Aktion. Wenn Sie Ihre Adressen mit Microsoft Excel® pflegen, kann dieser Prozess recht mühsam sein: Oft müssen die Adressen einzeln aus diversen Listen in eine Verteilerliste importiert werden. Wie Sie Verteiler schnell und einfach mit Unterstützung spezieller Software erstellen, erfahren Sie im Kapitel „Nützliche Software" ab S. 89. Eine spezielle Variante des Dialogmarketings ist das One-to-One-Marketing (auch 1:1-Marketing). Hier werden einzelne Kunden direkt angesprochen, wie es im obigen Beispiel mit dem Geburtstagsgutschein geschah. Besonders bei guten Kunden lohnt sich diese sehr persönliche, individuelle Ansprache.

3 **Das richtige Angebot:** Wenn die Zielgruppe feststeht, sollten Sie im zweiten Schritt das Angebot gestalten. Es reicht nicht, lediglich die neue Lieferung Lederjacken an-

zukündigen. Dialogmarketing muss einen zündenden Aufhänger haben, um seinen Erfolg zu sichern. Kunden werden heute mit Angeboten überschüttet. Wenn Sie zu wenig Aufmerksamkeit erregen, wird Ihre Offerte schnell übersehen. Deshalb sollte jede Aktion kreativ verpackt sein: Dabei kommt zum herausragenden Angebot wie „Drei kaufen, zwei zahlen" eine Idee für die Umsetzung, z. B. enthält ein lederjackenförmiger Brief Ihre Offerte. Denken Sie daran: Es geht um Kundenbindung und darum, dass Ihre Kunden weiteren Interessenten von Ihrem Angebot erzählen.

Beispiel: Ein kreatives Mailing

 Eine Autowerkstatt lud ihre Kunden ein, an einem Urlaubs-Check für ihren Wagen teilzunehmen. Nachdem sie die in Frage kommenden Adressen in einem Verteiler zusammengefasst hatte, schrieb sie die Kunden persönlich mit einem Brief an. Anstatt zu schreiben „Urlaubs-Check jetzt 18 Euro", gestaltete sie den Brief als Todesanzeige. Zu sehen war ein Auto, zu lesen war: „Im Urlaub verstorben". Auf der Rückseite forderte die Werkstatt ihre Kunden auf, ihren Urlaub zu retten – mit dem Autocheck. Sie zeigte dazu fröhliche Bilder. Viele Kunden nahmen das Angebot an und erzählten Freunden davon. Dadurch erhielt die Werkstatt viele Folgeaufträge.

Auf der Suche nach einer kreativen Idee können Sie Ihre Mitarbeiter und Kollegen unterstützen. Fragen Sie auch im Bekanntenkreis nach. Vielleicht entsteht auf diesem Weg die entscheidende gute Idee. Auch Werbeagenturen helfen Ihnen bei der Ideenfindung und Umsetzung weiter.

4 **Der richtige Zeitpunkt:** Wenn die Zielgruppe und das Angebot stehen, müssen Sie den richtigen Zeitpunkt für die Aktion wählen. E-Mails und Briefe an Geschäftskunden sollten am besten Mitte der Woche zu den gängigen Geschäftszeiten eintreffen. Privatpersonen nehmen sich dagegen eher am Wochenende die Zeit, um neue Informationen und Angebote zu sichten. Telefonanrufe sollten Sie nicht zu früh, nicht zu spät, nicht am Wochenende und nicht während der Essenszeiten führen. So spüren Ihre Kunden, dass Sie mitdenken.

Bei Aktionsstart muss alles vorbereitet sein: Die neuen Lederjacken sind eingetroffen, die Werkstatt hält genug Personal für den Urlaubs-Check vor und das Software-Update liegt einsatzfähig vor. Wenn alles reibungslos klappt, sind Ihre Kunden zufrieden und danken es Ihnen mit Treue und zusätzlichen Aufträgen. Bedenken Sie bei der Startzeit für Ihre Aktion auch Feiertage und Ferienzeiten. Sie können diese als Aufhänger für Ihre Aktion nutzen. Denken Sie daran, sich von den üblichen Muttertags-, Valentinstags- oder Weihnachtsaktionen positiv abzuheben. Kontaktieren Sie Ihren Kunden dann, wenn es Ihre Wettbewerber nicht tun; die Aufmerksamkeitswirkung ist umso höher. Bieten Sie z. B. Ihrer verheirateten Kundin die Lederjacke vier Wochen vor Weihnachten als Geschenkidee für ihren Mann an.

Wenn Sie mit Ihren guten Kunden im Dialog bleiben, steigern Sie den Umsatz. Seien Sie kreativ und suchen Sie immer wieder nach neuen Anlässen für die Kommunikation. Dadurch steigern Sie Kundenbindung, Umsatz und die Zahl der Weiterempfehlungen.

5 **Nachfassen:** Wenn Sie einen Dialog per E-Mail oder Brief gestartet haben, lohnt es sich, bei guten Kunden anzurufen und nachzuhaken. Durch das per Brief verschickte Angebot, hat die im Beispiel genannte Werkstatt einen Anknüpfungspunkt für ein Gespräch. Wer hier gut argumentiert, verstärkt die kundenbindende Wirkung. Falls das Nachtelefonieren Ihre Kapazitäten übersteigt, beauftragen Sie ein Callcenter. Hier sitzen Profis, die Sie auch erfolgsabhängig bezahlen können.

4. Presse- und Öffentlichkeitsarbeit

Nutzen Sie Öffentlichkeitsarbeit (Public Relations, PR) um Ihr Unternehmen in der Öffentlichkeit bekannter zu machen, ein positives Image zu erzeugen und es damit Ihren Kunden leichter zu machen, Ihnen die Treue zu halten. Im Gegensatz zu produktbezogener Werbung ist Öffentlichkeitsarbeit auf das Unternehmen bezogen. Das meistgenutzte Instrument der Öffentlichkeitsarbeit ist die Pressearbeit.

Instrumente der Pressearbeit

Die wichtigsten Instrumente der Pressearbeit sind:
- Pressemeldungen und -mitteilungen
- Pressekonferenzen
- Pressemappe
- Pressereise

- Imagebroschüren mit Zahlen, Daten, Fakten
- Öffentliche Veranstaltungen, zu denen Sie Journalisten einladen.

Die Vorteile von guter Pressearbeit

Sollte ein Journalist Ihre Meldung in seine Zeitschrift aufnehmen, so wird er dadurch zum Multiplikator: Sie erreichen dadurch auch Personen, die noch nicht im Kontakt mit Ihrem Unternehmen stehen, wie z. B. Aktionäre, Kreditgeber, zukünftige Mitarbeiter, Branchenführer oder Regierungsvertreter. Und natürlich Interessenten. Veröffentlichungen in unabhängigen Medien wirken vertrauensfördernd. Gute Pressearbeit kann einen bleibenden Eindruck bei Interessenten hinterlassen, wobei die Vermittlung der fachlichen Information für alle Beteiligten im Vordergrund steht. Die Kosten für Pressearbeit fallen geringer aus als bei anderen PR-Maßnahmen, da Sie den Platz in den Medien nicht bezahlen. Es liegt aber dann auch ganz im Ermessen des Journalisten, ob er Ihre Meldung veröffentlicht und ob er sie umformuliert.

Mit Pressearbeit erreichen Sie noch weitere Unternehmensziele. Sie erzeugen nicht nur eine stärkere Kundenbindung, sondern erleichtern sich auch die Personalfindung und die Produktentwicklung. Sie machen sich dadurch auch für Kapitalgeber interessant. Denn Ihr Unternehmen wird von unabhängiger Seite als innovativ, solvent und interessant dargestellt. Auch der Vertrieb profitiert: Er kann sich auf Ihre Bekanntheit beziehen und themenspezifische Veröffentlichungen für die Kundenakquise gezielt nutzen. Positive Presseveröffentlichungen bestärken Kunden in der Meinung, mit Ihrem Produkt die richtige Wahl getroffen zu haben.

Presserelevante Themen finden

Jede Pressemeldung muss für einen Journalist relevant sein, das bedeutet: für seine Leser interessant sein und dazu beitragen dass die Attraktivität und damit die Auflage seiner Zeitschrift steigen. Ohne diese Voraussetzungen beachtet er Meldungen nicht.

> Journalisten von Fachzeitschriften interessieren Informationen über Produkte, Leistungen, Fachveranstaltungen und Anwenderberichte. In Tageszeitungen werden eher allgemeine Unternehmensneuigkeiten bekanntgegeben, z. B. die Einweihung eines neuen Firmengebäudes.

Sie können

- neue Produkte vorstellen,
- Unternehmensentwicklungen bekannt geben, wie z. B. gewonnene Preise und Auszeichnungen,
- über Veranstaltungen berichten,
- Anwender- und Referenzberichte anbieten,
- Terminmeldungen aussenden.

Weitere für Dritte interessante Themen sind Veranstaltungen und soziale Aktivitäten, wie z. B. Spenden an gemeinnützige Einrichtungen oder die Organisation von sozialen Events.

Geeignete Medien bedienen

Je nachdem, welche Ziele Sie mit Ihrer Öffentlichkeitsarbeit verfolgen, bietet es sich an, folgende Medien zu bedienen:

Medien und ihre Besonderheiten	
Tageszeitungen	breites Publikum, regional eingegrenzt
Publikumszeitschriften und Magazine	überregionales, auf bestimmte Themen fokussiertes Publikum
Fachzeitschriften	fachliche Kompetenz darstellen
Internetportale	junges, innovatives Publikum
Fernseh- und Radiosender	für Massenkommunikation, evtl. regional begrenzt (z. B. Lokalradio)

Auch Blogs, also elektronische Tagebücher im Internet, sind ein interessantes Medium für Veröffentlichungen. Blogs werden nicht durch Journalisten kontrolliert, und Sie können daher Ihre Botschaft unzensiert verbreiten.

Wie wird Ihre Öffentlichkeitsarbeit erfolgreich?

Das A und O für erfolgreiche Presse- und Öffentlichkeitsarbeit sind Ihre Kontakte. Bauen Sie deshalb dauerhaft gute Beziehungen zu Journalisten und anderen Medienvertretern auf. Auch Bekanntschaften mit Personen des öffentlichen Lebens, wie Bürgermeistern, der Lokalprominenz, Künstlern oder anderen Persönlichkeiten, können Sie für Ihr Unternehmen nutzen. Diese schaffen, z. B. bei Veranstaltungen, zusätzliches Interesse bei Journalisten. Legen Sie einen Presseverteiler mit allen wichtigen Kontaktdaten in Ihrer Datenbank an. Laden Sie Ihre Kontakte zu Ihren Events, Ausstellungen oder zum Tag der offenen Tür ein. Auch die Versorgung mit möglichst viel relevantem Material kann Ihnen dabei helfen, einen dauerhaften Kontakt zu pflegen: Machen Sie sich zum Partner der Journalisten.

Beispiel: Pressematerial

Das Unternehmensportrait, aktuelle Pressemitteilungen, Produktberichte, Anwenderberichte, Referenzen, pressetaugliches Audio-, Video- oder Bildmaterial (hochauflösende Fotos, Produkt- und Firmenlogos), gehören zu Ihren Pressematerialien. Ergänzen Sie diese Informationen durch Zitate oder Stellungnahmen von Geschäftsführern und Kunden.

Vergessen Sie nicht, auf jeder Meldung die Kontaktdaten der Presseverantwortlichen Ihres Unternehmens und eine Kurzbeschreibung Ihres Unternehmens anzugeben.

5. Veranstaltungen

Eine persönliche positive Begegnung im Rahmen von Veranstaltungen ist immer noch die wirksamste Art der Kundenbindung. Hier erfahren Ihre Kunden Ihr Unternehmen, Ihre Produkte und Leistungen mit allen Sinnen. Sie fördern das Gefühl der Zugehörigkeit und können durch den direkten Dialog Inhalte besser vermitteln. Veranstaltungen, zu denen Sie Ihre Kunden einladen können sind:

- Tag der offenen Tür, Jubiläum, Firmenfest
- Produktvorstellung
- Workshop und Schulung
- Kultur- oder Sportveranstaltung, Eröffnung einer Niederlassung, Kunstausstellung im Unternehmen etc.

Im Gegensatz zu Messen können Sie das Rahmenprogramm, den Veranstaltungsort, die Teilnehmer und die Themenschwerpunkte selbst bestimmen und damit wesentlich zum Gelingen des Events beitragen. Indem Sie z. B. Ihre Kunden aktiv mit einbeziehen, identifizieren sich diese leichter mit Ihrem Unternehmen. So unterstützen Sie effektiv die emotionale Kundenbindung.

Beispiel: Der Kunde als aktiver Teilnehmer

 Binden Sie Kunden in Ihre Veranstaltung ein. Sie können einen Referenzkunden bitten, eine kurze Rede oder einen Vortrag zu halten. Lassen Sie die Kunden Ihre Angebotsleistungen aktiv ausprobieren. Loben Sie sich nicht selbst, sondern lassen Sie sich von Ihren Kunden loben.

6. Sponsoring

Beim Sponsoring unterstützen Sie Initiativen, Einrichtungen oder Veranstaltungen, indem Sie, ohne Anspruch auf Gegenleistung, eigene Produkte, Dienstleistungen oder Geld zur Verfügung stellen. Mit Sponsoring erhöhen Sie Ihren Bekanntheitsgrad und unterstützen Ihr Unternehmensimage. Sponsern Sie nur Partner, mit denen sich Ihre Zielgruppe identifiziert. Damit können Sie Ihre Kunden emotional an Ihr Unternehmen und Ihre Leistungen binden. Sie demonstrieren als Sponsor nicht nur, dass Sie ein finanziell gesundes Unternehmen sind, Sie belegen auch, z. B. mit sozialen Spenden, dass Sie sich Ihrer gesellschaftlichen Verantwortung bewusst sind. Sponsoring dient zusätzlich Ihrer Öffentlichkeitsarbeit, da die Presse oft über solche Veranstaltungen berichtet.

Sie können in vielen Bereichen Sponsoring betreiben. Typische Anlässe und Gelegenheiten für Sponsoring sind: soziale, kulturelle, ökologische oder sportliche Veranstaltungen aller Art, z. B. Sport, Feste, Förderinitiativen, Forschungsprojekte, Ausstellungen, z. B. Kunst, karitative, städtische Initiativen und Projekte. Wichtig ist bei der Auswahl des unterstützten Partners, dass Sie Ihrem Unternehmensimage treu bleiben und Ihre strategischen Ziele und Ihre Zielgruppe erreichen.

Beispiele: Sponsoring für Unternehmenszwecke nutzen

 Ein Anbieter für Abenteuerreisen mit dem Slogan „Wer wagt, gewinnt – Max-Wild-Reisen" unterstützt karitative Jugendinitiativen der Stadt. Es würde für ihn wenig Sinn machen, eine Veranstaltung für Senioren zu sponsern.

Sponsoring kann Ihnen auch bei der Einführung neuer Produkte behilflich sein, indem Sie diese bei Events platzieren. Stellen Sie beispielsweise Ihre neuen Hüpfbälle für ein Kinderfest zur Verfügung.

7. Persönlicher Verkauf

Nutzen Sie jede Gelegenheit, um mit Ihren Kunden per Telefon oder über einen Besuch Kontakt aufzunehmen. Denn ein persönliches Gespräch können Sie mit Ihrem Auftreten und Ihrem Verhalten beeinflussen. Sie gehen individuell auf Ihre Gesprächspartner ein, sind in der Lage, Fragen zu beantworten und vermitteln Ihren Kunden ein Gefühl der Sicherheit.

Verdeutlichen Sie sich vor jedem Gespräch den Kaufprozess in den einzelnen Phasen: Kontakt, Informationsgewinnung, Informationsbewertung, Entscheidung und Verhalten nach dem Kauf. Jede dieser Phasen können Sie durch bestimmte

Verhaltensweisen im Gespräch so unterstützen, dass der Kunde zur nächsten Phase fortschreitet. Ganz gleich, ob Sie einen Kunden kontaktieren oder er auf Sie zukommt, an oberster Stelle stehen seriöses Auftreten, Höflichkeit und gute Beratung. Er muss sich sofort wohlfühlen, denn gegenseitige Sympathie ist die Basis einer guten Kundenbeziehung.

Checkliste: Verkaufsgespräche optimal gestalten

Die Vorbereitung

- Sehen Sie sich die Kundenakte an, die Sie sich von der Software Ihrer Kundendatenbank erstellen lassen können.

- Überprüfen Sie, welche Themen Ihren Kunden interessieren und überlegen Sie einen passenden Gesprächseinstieg.

- Bereiten Sie Ihre Dokumente sorgfältig vor. Ergänzen Sie diese eventuell um thematisch relevante Unterlagen, z. B. interessante Pressemitteilungen und Veröffentlichungen.

- Bitten Sie einen Mitarbeiter, der über Fachwissen zum Gesprächsthema verfügt, auf Abruf bereit zu stehen.

- Nehmen Sie sich Zeit für das Gespräch und terminieren Sie es nicht zu knapp. Geben Sie Ihrem Kunden das Gefühl, dass er Ihnen wichtig ist und Sie sich voll und ganz ihm widmen. Vermitteln Sie ihm das auch im Gespräch.

- Auch beim Kontakt per Telefon sollten Sie alle Daten rund um den Kunden parat haben, damit Sie schnell und kompetent argumentieren können.

Der Besuch

- Drücken Sie in Ihrem Erscheinungsbild Wertschätzung für den Kunden aus. Dabei gilt: lieber over- als underdressed.

- Seien Sie auf jeden Fall pünktlich.

- Wählen Sie im eigenen Unternehmen einen ruhigen Platz und schaffen Sie eine entspannte, freundliche Atmosphäre.

- Bieten Sie Ihrem Kunden etwas zu trinken und Snacks an, legen Sie ihm Block und Kugelschreiber bereit.

Der Anruf

- Man erkennt an der Stimme, ob Sie konzentriert sind oder sich nebenbei mit etwas anderem beschäftigen.

- Setzen Sie sich beim Telefonieren aufrecht hin. Dadurch klingt Ihre Stimme souveräner.

- Lächeln Sie. Denn auch wenn Ihr Gegenüber dies nicht sehen kann, so schwingt es doch in Ihrer Stimme mit.

- Nennen Sie deutlich Ihren Namen und den Ihres Unternehmens. Sprechen Sie auch im weiteren Verlauf deutlich, denn die Verbindung, insbesondere bei Mobilfunk oder Internet, kann Qualitätsschwankungen aufweisen.

- Wenn Sie Ihren Kunden anrufen, dann fragen Sie zunächst, ob er Zeit für Sie hat oder wann ihm ein erneuter Anruf passen würde. Ruft ein Kunde Sie an, sprechen Sie ihn nach seiner Vorstellung mit seinem Namen an.

- Halten Sie Gesprächseindrücke und -inhalte sofort nach dem Telefonat in einem Protokoll und der Kundenakte fest.

Die Beratung

- Um für Ihren Kunden die richtige Lösung zu finden, müssen Sie herausfinden, welche Wünsche, Bedürfnisse und Preisvorstellung er hat.

- Beraten Sie ihn ausführlich und stellen Sie ihm eine passende Lösung vor, wobei Sie ihm deren persönliche Vorteile für ihn beschreiben. Informieren Sie ihn auch über alternative Lösungen.

- Beraten Sie Ihren Kunden immer ehrlich und zuverlässig. Alles andere kommt früher oder später ans Licht und schädigt Ihre Kundenbindung und Ihren guten Ruf nachhaltiger als ein eventueller Nichtkauf.

- Unterstützen Sie Ihre Beratung mit qualifizierten Unterlagen. Nutzen Sie Referenz- oder Testberichte, um den Kunden über Ihre Qualität zu informieren.

- Besuchen Sie mit Ihren Kunden Referenzkunden.

- Gehen Sie auf Fragen ein und nehmen Sie Einwände interessiert auf. Sie haben dabei die Gelegenheit, positive Merkmale aufzuzählen und den Kunden mit Ihrem Fachwissen aufzuklären. Seien Sie dabei nicht oberlehrerhaft. Die meisten Kunden haben heutzutage ein hervorragendes Fachwissen. Sprechen Sie mit ihnen auf Augenhöhe.

- Zeigen Sie, dass Sie Ihr Produkt schätzen und voll hinter ihm stehen. Ihre Begeisterung sollte sich auf den Kunden übertragen.

- Führen Sie Ihr Produkt anschaulich vor, lassen Sie Ihren Kunden das Produkt ausprobieren und anfassen, stellen Sie Ihre Dienstleistung in einzelnen Schritten detailliert vor. Präsentieren Sie Ihr Angebot optisch ansprechend.

- Ganz gleich, ob der Kauf zustande kommt oder nicht, bleiben Sie respektvoll und höflich. Ihr Kunde soll sich von Ihnen immer gut bedient fühlen.

- Bei Nichtkauf danken Sie dem Kunden für sein Interesse. Schaffen Sie es, eine positive Stimmung aufrechtzuerhalten, dann kommt es vielleicht später zu einem Abschluss.

Das Verhalten nach dem Kauf

- Bedanken Sie sich bei Ihrem Kunden und bestätigen Sie ihn in seiner Kaufentscheidung.

- Informieren Sie über Ihren Service, z. B. Geld-zurück-Garantien oder die Möglichkeit, bei Fragen jederzeit anzurufen.

- Machen Sie ihn auf Zusatzangebote aufmerksam, ohne ihn zu drängen. Bestimmt möchte er in Ihre Kundendatei aufgenommen werden, um den Newsletter zu erhalten.

- Verabschieden Sie den Kunden persönlich und vermitteln Sie ihm, dass Sie sich auf seinen nächsten Besuch freuen.

- Bitten Sie ihn, Sie weiterzuempfehlen, falls er mit Ihren Leistungen zufrieden ist.

Die richtige Nachbetreuung

- Bleiben Sie mit Ihrem Kunden im Kontakt. Sie können z. B. einige Zeit nach dem Kauf persönlich nachfragen, ob er mit Ihrem Produkt noch zufrieden ist.

- Wenn Sie seine Anschrift und seine Erlaubnis zur Kontaktaufnahme haben, können Sie ihn zu Festen, Produktpräsentationen und Veranstaltungen einladen.

Beispiele: Kundenorientiertes Verkaufsgespräch

Sympathie aufbauen: Sätze wie: „Herr Maier, ich freue mich sehr über Ihren Besuch" oder „Schön, dass Sie mich anrufen, Herr Maier", freuen Ihren Kunden und helfen, Sympathie aufzubauen. Erkundigen Sie sich beim Gesprächseinstieg nach seinem Wohl: „Ich hoffe, die Reise war nicht sehr anstrengend. Haben Sie uns gut gefunden?".

Die persönliche Ansprache: Kunde Max Rapp ruft bei der SuperSoft AG an. Ein Mitarbeiter nimmt den Anruf entgegen: „Guten Tag, Nico Schäfer, SuperSoft AG, was kann ich für Sie tun?" Der Kunde: „Hallo, hier ist Max Rapp, ich wollte mich bei Ihnen über Ihre neue Software informieren." Mitarbeiter Schäfer: „Guten Tag Herr Rapp, aber gerne. Es freut mich sehr, dass Sie uns anrufen ..."

Bestätigung der Kaufentscheidung: Bekräftigen Sie die Entscheidung des Kunden mit einem Hauptargument: „Da haben Sie genau das richtige Fahrrad für Ihre Mountainbike-Tour ausgewählt. Stabil, sicher und leicht. Falls Sie noch weitere Fragen haben oder mal einen ganz neuen Tourenweg ausprobieren möchten, dann rufen Sie mich einfach an."

8. Umgang mit Beschwerden

Der irische Dramatiker, Politiker, Satiriker und Musikkritiker George Bernard Shaw brachte die Schwierigkeit, mit Kritik umzugehen auf den Punkt: „Die Menschen lassen sich lieber durch Lob ruinieren als durch Kritik bessern". Unzufriedene Kunden kaufen nicht und schaden Ihnen zusätzlich mit negativer Mund-zu-Mund-Propaganda. Geben Sie deshalb Ihren Kunden nicht nur die Möglichkeit, sich direkt bei Ihnen zu beschweren. Fordern Sie sie aktiv immer wieder zu Rückmeldungen über ihre Zufriedenheit mit Ihrem Unternehmen auf. So verhindern Sie, dass sich Unmut aufstaut und die Kunden zur Konkurrenz wechseln. Ein offensives Umgehen mit Reklamationen schafft Vertrauen und nimmt Unmutsaktionen gegen das Unternehmen den Wind aus den Segeln.

Beschwerden als Chance sehen

Ideal ist, wenn Sie Ihren Kunden von vornherein einen Ansprechpartner nennen, der für den korrekten Umgang mit Reklamationen geschult ist. Bleiben Sie immer höflich und sachlich, auch wenn es Ihr Kunde nicht ist, und zeigen Sie Verständnis. Die Kritik eines Kunden ist immer eine Hilfe, um Ihre Produkte oder Unternehmensprozesse zu optimieren. Sie sollten sich deshalb für jede Rückmeldung bedanken.

Kommen Sie Ihren Kunden entgegen, indem Sie auftretende Probleme von sich aus schnell beheben und eine Entschädigung anbieten. So machen Sie aus unzufriedenen Kunden loyale Kunden, die ihren Freunden von dem positiven Umgang mit ihrer Beschwerde erzählen. Jeder Kunde weiß schließlich, dass bei jedem Unternehmen, in dem Menschen arbeiten, Fehler passieren können. Wenn aber in Ihrem Unternehmen ein Fehler zur Zufriedenheit dieses Kunden beseitigt und Wiedergutmachung geleistet wird, fühlt er sich gut aufgehoben; er weiß, dass er sich auch bei Problemen auf Sie verlassen kann. Das unterscheidet Sie dann positiv von der Konkurrenz.

Fehler und wie man sie vermeidet

Leider gibt es viele Unternehmen, die auf Beschwerden in aufeinander aufbauenden Schritten so reagieren:

Beispiel: Negative Reaktion auf eine Beschwerde

1 „An dem Problem sind Sie selbst schuld."
Bei einer Beschwerde wird dem Kunden zunächst folgendes entgegen gehalten: „Der Fehler wäre nicht aufgetreten, wenn Sie die Bedienungsanleitung gelesen hätten, wenn Sie das Produkt bestimmungsgemäß eingesetzt hätten, wenn Sie die notwendigen Voraussetzungen geschaffen hätten, ..."

2 „Sie sind der erste Kunde, bei dem de Fehler auftritt."
Beweist der Kunde, dass es nicht sein Fehler war, wird mit Überraschung reagiert und es werden eigentlich unsinnige Maßnahmen vorgeschlagen: „Vielleicht versuchen Sie mal, das System nochmals zu installieren, die Software auf einem anderen Rechner zu installieren ...".

3 „Wir kümmern uns darum. Sie hören wieder von uns."
Wendet sich der Kunde nach solchen Ausweichstrategien abermals an das Unternehmen, dann wird er vom Sachbearbeiter auf unbestimmte Zeit vertröstet.

4 „Ich als Geschäftsführer kümmere mich persönlich darum."
Der Kunde wendet sich schließlich verärgert an die Geschäftsführung und bekommt dort die Auskunft, dass eine solch schlampige Beschwerdebehandlung hier ungewöhnlich sei und

man sich persönlich darum kümmere. Die Angelegenheit wird an den Sachbearbeiter weitergeben, was eine Endlosschleife zwischen 3 und 4 in Gang setzt.

Viel besser ist, wenn das Unternehmen Fehler offen zugibt und sie umgehend beseitigt. Eine Wiedergutmachung für den Ärger und den Aufwand des Kunden sollten Sie als selbstverständlich ansehen.

Beispiel: Positive Reaktion auf eine Beschwerde

 Kunde A beschwert sich, dass der Putz an seinem neuen Gartenkamin abblättert. Gehen Sie sofort zum Kunden und lösen Sie das Problem. Bieten Sie A einen höherwertigen Putz für den gleichen Preis an. Sie erfahren, dass sich der Putz bei mehreren Kunden löst? Rufen Sie von sich aus Kunde B an, der sich vielleicht noch nicht gemeldet hat. Fragen Sie nach und bieten Sie auch dort Hilfe an.

9. Vergünstigungen

Verschaffen Sie Ihren Kunden Vergünstigungen für den Kauf Ihrer Produkte oder Dienstleistungen, z. B. durch

- Probieraktionen, Produktproben, Verkostungen
- Packungszugaben, z. B. Sammelbilder, Figuren
- Sonderpreise, Jubiläumsangebote, Doppelpackungen
- Geld-Zurück- und Rücknahme-Garantien
- Verbundaktionen mit anderen Unternehmen. Ein Beispiel: Eis „Milka Kuhflecken" von Langnese mit original Milka-Schokostückchen
- Rabatte
- Boni, Coupons (auch im Internet, z. B. Gutscheincode)

- Geschenke
- Gewinnspiele, Preisausschreiben

> Je ungewöhnlicher Ihre Maßnahmen sind, desto mehr Aufmerksamkeit werden Sie erregen.

Wenn Sie finanzielle Vergünstigungen gewähren, wie beispielsweise Mengenrabatte, dann binden Sie Bestandskunden an Ihr Unternehmen. Garantien oder Produktproben reduzieren das Kaufrisiko und führen dazu, dass Sie neue Kunden von sich überzeugen können. Welche Maßnahmen Sie wählen, sollten Sie anhand Ihrer Zielgruppe und Ihres Produktes bestimmen.

Gewinnspiele

Gewinnspiele erfreuen sich großer Beliebtheit und erregen Aufmerksamkeit. Geschenke, Bargeld, Reisen, Einladungen zu Events oder Waren sind attraktive Gewinne. Nutzen Sie Gewinnspiele, um Ihren Kunden einen Anreiz zu geben, Kontakt zu Ihrem Unternehmen aufzunehmen. Jeder zusätzliche (gelungene) Kontakt bindet Ihre Kunden an Ihr Unternehmen.

Rabatte

Rabatte sind Preisnachlässe, die direkt auf den Kaufpreis angerechnet werden und die ein Verhalten des Kunden belohnen, das für Ihr Unternehmen nützlich ist. Beispiele:

- Frühbucherrabatte von Reiseveranstaltern, die Planungssicherheit bringen,
- Saisonalrabatte von Sportartikelherstellern, die eine gleichmäßigere Kapazitätsauslastung bringen,
- Skonti, die eine Ermäßigung des Rechnungsbeitrages bewirken, wenn man innerhalb der Zahlungsfrist bezahlt.

Sie gewähren Ihren Kunden einen Preisvorteil und verschaffen sich gleichzeitig bei Ihren Geschäftsprozessen Vorteile. Für den Kunden lohnt es sich, weiterhin bei Ihnen zu kaufen, um noch mehr Rabatte in Anspruch nehmen zu können.

Boni und Coupons

Wenn Sie nach dem Kauf Vergünstigungen anbieten, dann werden diese als Boni bezeichnet. Darunter fallen Geschenke zu besonderen Anlässen wie Weihnachten und Prämien für besonders treue Kunden. Auch Couponing gehört dazu. Dabei erhält der Kunde Coupons, die er nach einer gewissen Zeit oder nach Erreichen einer bestimmten Gutschrifthöhe gegen Produkte oder andere Leistungen eintauschen kann. Sie können mit Coupons Cross-Selling forcieren, indem Sie der Ware Coupons für andere Produkte aus dem Sortiment dazugeben.

Beispiel: Couponing und Cross-Selling

Ein Joghurthersteller erweitert sein Sortiment um Molke-Drinks. Um den Verkauf anzukurbeln, die Drinks bei seinen Kunden bekannt zu machen und die Cross-Selling-Rate zu erhöhen, erhalten Kunden beim Kauf eines Viererpacks Joghurts Coupons für die Drinks. Sie sind auf die Verpackung gedruckt und können, nach Erreichen einer bestimmten Anzahl, gegen einen Viererpack Molke-Drinks eingelöst werden.

10. Empfehlungen

Weiterempfehlungen dienen nicht nur der Neukundengewinnung. Durch seine Empfehlung bindet sich ein Kunde selbst an Ihr Unternehmen.

Was bedeuten Empfehlungen?

Als Empfehlungsgeber bürgen Ihre Kunden für Sie und stehen mit ihrem Namen für Sie ein. Sie empfehlen Sie dann weiter, wenn sie von Ihrem Unternehmen und den Produkten überzeugt sind. Sie unterstützen Ihr Unternehmen aktiv, übernehmen die Informationsarbeit für Sie und versuchen ihre Empfehlung beim Neukunden in einen Kauf zu verwandeln. Jeder Empfehlungsgeber ist ein Fan Ihrer Produkte und bindet sich mit seinem Engagement immer stärker an Ihr Unternehmen.

Vorteile für die Neukundengewinnung

Mit Empfehlungen wählen Sie zugleich die beste – weil Kosten und Zeit sparende – Strategie, neue Kunden zu gewinnen: durch positive Mund-zu-Mund-Propaganda seitens anderer Kunden. Stellen Sie sich vor, Sie bedienen nur noch Kunden, die von sich aus auf Sie zukommen, die von Ihnen kontaktiert werden möchten, die schon allein vom Hören-Sagen begeistert von Ihnen sind. Das bietet Ihnen folgende Vorteile:

- Ist der Empfehlende dem potenziellen Neukunden sympathisch, wird auch Ihr Produkt bzw. Ihr Unternehmen positiv bewertet.

- Sie erhalten neue Kontaktadressen in hoher Qualität. Sie umgehen wettbewerbsrechtliche Probleme der Kontaktaufnahme: Sie dürfen den Neukunden kontaktieren, er wünscht es sogar.

- Empfehlungen erleichtern den Entscheidungsprozess beim Neukunden, da die Referenz in Form des empfehlenden Kunden bereits vorhanden und glaubwürdig ist.

So fördern Sie Empfehlungen

Unterstützen Sie Ihre Kunden bei der Weiterempfehlung, z. B. indem Sie

- sich aktiv positives Feedback anderer Marktteilnehmer, z. B. von Geschäftspartnern, holen und (nachdem Sie sich deren Einverständnis verschafft haben) dieses auf Ihrer Unternehmenswebsite, in Anzeigen, Mailings oder in der Pressearbeit verwenden,

- für Ihre Kunden Akquiseanreize schaffen, indem Sie Weiterempfehlungen mit finanziellen Vorteilen, wie Prämien oder Boni, oder Dankeschön-Geschenken koppeln.

- es Ihren Kunden leicht machen, indem Sie auf der Website, in Newsletter, Kundenzeitschriften, Mailings eine „Empfehlen Sie uns weiter"-Möglichkeit platzieren.

Die Maßnahmen optimal umsetzen

Wenn Sie die Maßnahmen bestimmt haben, mit denen Sie Ihre Ziele erreichen wollen, erstellen Sie die Planung über den erforderlichen Zeit- und Kostenaufwand. Sie ermöglicht Ihnen zu prüfen

- ob eine ganzheitliche Struktur entstanden ist, d. h., ob die ausgewählten Maßnahmen sich gegenseitig ergänzen,
- wie Sie die Maßnahmen zeitlich priorisieren und aufeinander abstimmen können.

Projektplan für Kundenbindung

Einige der Maßnahmen, z. B. ein Angebot per Serien-E-Mail versenden, sind relativ schnell umzusetzen und gehören bald zum täglichen Geschäft. Andere Maßnahmen benötigen mehr Ressourcen und Zeit. Die Kosten setzen sich je nach Art der Maßnahme zusammen aus Personalkosten, Materialkosten, Kosten für Aufträge an Dienstleister, Kosten für Marktforschungsuntersuchungen, Raumkosten bei Veranstaltungen oder Versandkosten. Planen Sie Personal und Aufgaben vorausschauend ein und stimmen Sie die zeitliche Durchführung der Maßnahmen aufeinander ab. So entsteht ein Projektplan für Ihre Kundenbindung.

> Wer geschickt mit seinem Budget umgeht, kann viel für wenig Geld erreichen. Websites, Broschüren und Flyer gehören zur Standardausrüstung jedes Unternehmens, ganz gleich wie klein es ist.

Vorlage für Maßnahmenplan

Maßnahme	Geschätzte Kosten	Geschätzter Zeitaufwand	Zeitpunkt der Durchführung

Beispiel: Synergien nutzen

 Ein Softwarehersteller möchte seine neue Grafiksoftware bei seinen Kunden bekannt machen. Er versendet ein Werbemailing (Dialogmarketing, Werbung), in dem für die neue Software geworben wird. Mit dem Werbemailing verschickt er Einladungen zu einer von ihm geplanten Veranstaltung (Eventmarketing), bei der die neue Software vorgestellt wird. Er könnte der Werbung auch eine Demosoftware (Verkaufsförderung) kostenlos beilegen. Während der Veranstaltung berät er Interessenten und regt zum Kauf an. (persönlicher Verkauf). Flankiert werden diese Maßnahmen durch Pressearbeit; eine Pressemitteilung enthält Hinweise auf das Produkt sowie die Veranstaltungen.

Die Gestaltung der Maßnahmen

Zur konkreten Gestaltung Ihrer Instrumente wie Flyer, Kundenzeitschrift oder Pressemitteilungen haben wir schon einiges gesagt (siehe S. 56). Hier die wichtigsten Grundsätze:

- Die Gestaltung Ihrer Maßnahmen sollte in jedem Fall zielgruppengerecht sein und Ihrem Unternehmensdesign entsprechen. Überlegen Sie sich bei jeder Maßnahme, wie Sie auftreten und wahrgenommen werden möchten.

Wichtig ist in diesem Zusammenhang auch die Bildsprache Ihres Unternehmens. Zeigen Sie Menschen auf Ihren Broschüren oder steht das Produkt im Fokus? Auch das „wie" ist von zentraler Bedeutung: Ist Ihre Broschüre freundlich, ernst, witzig, rational, sachlich, traditionell, modern oder exklusiv?

- Auch das jeweilige Medium erfordert eine bestimmte Gestaltung: Eine Pressemitteilung formulieren Sie sachlich. Hier zählen Fakten. Ein Kunden-Event dagegen kann sehr emotional sein.

- Keep it simple and smart: Denken Sie daran, dass Ihre Kunden circa 1.200 Werbereizen täglich ausgesetzt sind. Bindungsmaßnahmen werden nur wahrgenommen, wenn sie Aufmerksamkeit erregen, das Interesse wecken und leicht verständlich sind.

Kontrollieren Sie Ihren Erfolg

Stellen Sie Ihre Maßnahmen auf den Prüfstand: Eine systematische Kontrolle gehört zu allen Kundenbindungsmaßnahmen. Sie können Ihre Erfolge nicht nur über Verkaufszahlen, Ihren Bekanntheitsgrad oder Umsätze überprüfen. Besonders Online-Medien lassen sich schnell über Klickraten auswerten. Und bei Post-Mailings können Sie die Rücklaufquote messen: Wer hat Informationsmaterial, wer Produkte bestellt? Holen Sie darüber hinaus die Meinung Ihrer Kunden ein und führen Sie regelmäßig Umfragen durch. Kamen die Botschaften bei Ihrer Zielgruppe an? Wie entwickelte sich die Kundenzufriedenheit, sind Ihnen jetzt mehr Kunden treu?

Auf einen Blick: Kundenbindungsmaßnahmen

- Legen Sie Ihre Kundenbindungsstrategie fest und planen Sie dann den Einsatz der unterschiedlichen Maßnahmen.

- Für den regelmäßigen Kontakt bieten sich Newsletter und Kundenzeitschriften an; Kundenclub, Treuekarte und Mehrwertangebote fördern die langfristige, emotionale Bindung ebenso wie eigene Veranstaltungen und Sponsoring auch die emotionale Bindung verstärken, bei Veranstaltungen können Sie den Kunden sogar aktiv einbeziehen. Individuelle Kundenansprachen sind Dialogmarketing und Verkaufsgespräch. Presse- und Medienarbeit machen Ihr Unternehmen in der Öffentlichkeit bekannt.

- Die richtige Behandlung von Beschwerden macht aus verärgerten Kunden treue Kunden.

- Die Weiterempfehlung durch Ihre Kunden führt zu einer sehr starken Form der Kundenbindung.

Nützliche Software

Für die Kundenbindung spielt der Einsatz von Kontaktmanagement-Software eine wichtige Rolle: Sie ermöglicht allen Mitarbeitern, Kundendaten aktuell zu halten, denselben Wissenstand über Kundendaten zu haben, jederzeit und von überall her auf die Kundendaten zuzugreifen und ist damit die Daten- und Informationsgrundlage für alle Kundenbindungsmaßnahmen.

In diesem Kapitel erfahren Sie,

- warum eine spezielle Software für das Kontaktmanagement nützlich ist (ab S. 90),
- welche Software für welches Unternehmen geeignet ist (ab S. 91),
- was einfache und günstige Kontaktmanagement-Software leisten kann (ab S. 94).

Eine spezielle Software – wozu?

Ihre Strategie steht, die Maßnahmen sind ausgewählt. Jetzt geht es an die Umsetzung. Bei dieser unterstützt Software Unternehmen seit vielen Jahren effizient und erfolgreich. Eine Kontaktmanagement-Lösung unterscheidet sich von reiner Textverarbeitungs-, Mail- oder Tabellenkalkulationssoftware dadurch, dass sie Kundenbindungsmaßnahmen bestmöglich und gezielt unterstützt. Sie

- sammelt alle relevanten Daten, z. B. Adressen, E-Mails, Aufgaben, Termine, Anschreiben, Verträge, Umsatzzahlen,

- bündelt diese Daten zu Kundenakten,

- versendet personalisierte Mailings,

- unterstützt das Projektmanagement,

- gibt Mitarbeitern die richtigen Aufgaben zur richtigen Zeit vor,

- erleichtert die Zusammenarbeit in Teams.

Damit ist die Frage „Wozu eine spezielle Software?" auch schon beantwortet: Geeignete Software erleichtert die Kundenbindung auf vielen Ebenen. Sie sorgt dafür, dass Sie mehr Maßnahmen mit weniger Aufwand in die Tat umsetzen können und Sie sich dadurch auf den eigentlichen Kern von Kundenbindung konzentrieren können: Nämlich auf den direkten und fundierten Dialog mit Ihrem Kunden.

Welche Software ist geeignet?

Bei Software zur Unterstützung von Kundenbindungsmaßnahmen wird zwischen einfachen Lösungen für das Kontaktmanagement und das ganze Unternehmen überspannenden
Customer Relationship Management-(CRM-)Systemen unter-
schieden. Mehr zum Thema CRM als Philosophie der Kundenorientierung und zu CRM-Software finden Sie ab S. 103.

Kontaktmanagement-Lösung

Eine Kontaktmanagement-Lösung ist günstig und umfasst
die wichtigsten Funktionen für die Erfassung und Pflege von
Kontaktadressen, für das Selektieren von Adressen sowie die
Durchführung von Kampagnen. Kontaktmanagement-
Software ist in jedem Fall eine gute Einstiegslösung. Sie ist
vorrangig für Selbstständige und kleine Unternehmen konzi-
piert. Mit ihr lassen sich die operativen Aufgaben rund um
die Kundenbindung leicht bewältigen.

Beispiel: Die Vorteile einer Software

 Ein Schuhhaus hat bisher Adressen von Kunden nur sporadisch
erfasst. Da es seine Kunden verstärkt über Angebote informieren will, schafft es eine Software für das Kontaktmanagement
an. Beim Einkauf wird nun jeder Kunde kurz befragt, ob er seine
Adresse für weitere Angebote hinterlassen möchte und was
seine Interessen sind. Über das Kontaktmanagement können
nun schnell spezielle Verteiler erstellt und personalisierte
E-Mails versendet werden. Das Schuhhaus erhöht so die Kundenbindung mit geringem Einsatz.

CRM-Systeme

CRM-Systeme gehen darüber hinaus; sie unterstützen nicht nur die Kundenbindung, sondern bieten erweiterte Funktionen für das Customer Relationship Management. Sie lassen sich von Experten auf das individuelle Unternehmen anpassen und tauschen Daten mit vorhandener Software z. B. für die Buchhaltung aus. In der Regel ist ein CRM-System für den Mittelstand und Konzerne gut geeignet, bei denen oft viele Nutzer mit dem System arbeiten.

Zwei Varianten

Software-Lösungen – sowohl Kontaktmanagement-Lösungen als auch CRM-Systeme - werden in zwei grundsätzlich verschiedenen Varianten betrieben.

Variante 1: Installation der Software auf eigenen Computern

Hier wird die Software auf einem oder mehreren PCs fest installiert. Die Daten befinden sich jeweils auf einem einzelnen Rechner und können deshalb nicht automatisiert zusammengeführt und aktuell gehalten werden. Dies muss für jeden Arbeitsplatz einzeln geschehen, was Zeit benötigt und schnell zu Fehlern führt. Über ein LAN (Lokal Area Network) bekommen die PCs die Möglichkeit, Daten miteinander auszutauschen. Wer eine wirklich zentrale Datenhaltung einführen will, kommt mit dieser Lösung nicht weiter. Er benötigt idealerweise einen Server und oft zusätzliche Software.

Bei dieser Variante liegen Installation und Updates in der Verantwortung des Betreibers oder Dienstleisters.

Variante 2: Software wird über das Internet bereitgestellt

In dieser Variante kann die Software für das Kontaktmanagement auf jedem beliebigen PC mit Internetanschluss und sogar auf mobilen Endgeräten wie Blackberries oder iPhones genutzt werden. So kann der Anwender jederzeit und überall dort, wo er Internet-Zugriff hat, auf sein Kontaktmanagement zugreifen – ohne Installation. Er muss sich nicht um Updates und um einen reibungslosen Betrieb der Software inklusive der wichtigen zentralen Datenverwaltung kümmern, da das in den Verantwortungsbereich des Anbieters einer solchen Lösung fällt. Außerdem hat er den Vorteil, dass seine Daten datenschutzgemäß und sicher gespeichert werden können. Bei diesem Punkt sollten Sie bei der Auswahl des Anbieters auf den Standort und die Zertifikate des Rechenzentrums achten.

In der Regel fallen bei dieser Variante monatliche Nutzungsgebühren pro Arbeitsplatz an, die in der Summe oft niedriger ausfallen als die Kosten vergleichbarer Installations-Softwarepakete.

Das können Kontaktmanagement-Lösungen

Bereits einfache Kontaktmanagement-Software unterstützt Sie bei den meisten Kundenbindungsmaßnahmen. Dafür stehen in der Software folgende Funktionen zur Verfügung.

Zentrale Datenverwaltung

Zu den Daten gehören z. B. Adressen, E-Mails, Anschreiben, Angebote, Termine, Aufgaben. Ordnung ist Trumpf: Die Software stellt Funktionen zur Verfügung, die einerseits helfen, einzelne Datenelemente miteinander in Verbindung zu bringen. Beispielsweise lassen sich Verknüpfungen zwischen den Kontaktdaten und Dokumenten (Rechnungen, Besuchsberichte, Werbebriefe usw.) erstellen. Sie können so – auf einen Blick – alle den Kunden betreffenden Informationen in einer Kundenakte einsehen. Andererseits können Sie mit Hilfe intelligenter Suchfunktionen jedes Dokument sofort finden, schaffen Transparenz für alle Mitarbeiter und sparen Zeit.

Beispiel: Einsatz digitaler Kundenakten

Herr Kraft erhält einen Anruf von einem Kunden, den normalerweise sein vor kurzem erkrankter Kollege betreut. Herr Kraft schaut in die digitale Kundenakte und ist sofort auf dem Laufenden. Mit demselben Wissenstand wie sein Kollege betreut er den Kunden, der positiv überrascht ist. „Wie gut, dass bei Ihnen alle kompetent sind", meint der Kunde. Herr Kraft notiert dieses Statement als Referenz für sein Unternehmen.

Ein weiterer Vorteil ist die Möglichkeit, Adressen bequem und von jedem dazu berechtigten Mitarbeiter zu pflegen und aktuell zu halten. Wenn ein Kunde beispielsweise eine neue Adresse meldet, muss diese nur einmal geändert werden und steht sofort zentral für alle Mitarbeiter zur Verfügung.

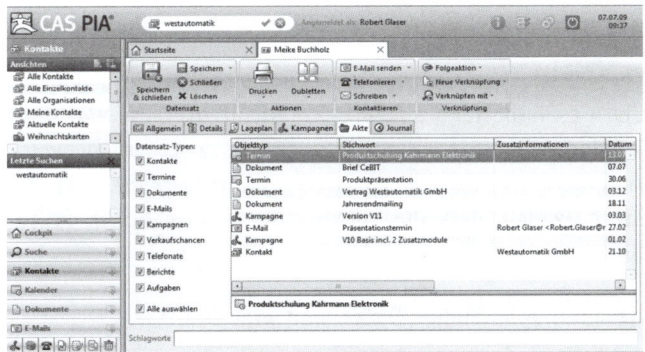

Abbildung: Kundenakte, Quelle: CAS Software AG

Beispiel: Die Probleme dezentraler Datenhaltung

Ein Möbelhaus pflegt Kundendaten in verschiedenen Listen. Ein Kunde, der in die zwei Verteilerlisten „Schlafen" und „Büro" aufgenommen wurde, bittet nun darum, ihn als Kontakt zu entfernen. Ein Mitarbeiter löscht die E-Mail lediglich aus der Verteilerliste „Schlafen", so dass der Kunde den nächsten Newsletter zu Büromöbeln trotzdem erhält. Der Kunde ist verärgert und kann das Unternehmen kostenpflichtig abmahnen.

Adressverteiler erstellen

Adressen, die Sie kontaktieren wollen, stellen Sie in der Software zu einer Verteilerliste zusammen. Dies geht sehr schnell, da die Software viele Filter für die Suche zur Verfügung stellt.

Struktur schaffen

Theoretisch lassen sich alle verfügbaren Daten nutzen, um den Gesamtbestand an Adressen zu filtern. Diese eigentlich komfortable Situation stellt allerdings zwei grundlegende Anforderungen an den Anwender. Zum einen muss sichergestellt werden, dass die notwendigen Informationen in das System eingetragen werden.

Beispiel: Vollständige Daten sind wichtig

Wenn Sie alle Personen selektieren wollen, die Interesse an Ihrem Produkt X bekundet haben, in Bayern ansässig und außerdem Geschäftsführer sind, dann müssen die Informationen „Produktinteresse", „Funktion" und „Region" vorhanden sein. Das heißt, diese Daten müssen in der Software abrufbar sein und (sehr wichtig!) möglichst vollständig ausgefüllt, aktuell und korrekt sein.

Die zweite wichtige Anforderung: Konzentrieren Sie sich auf Filter, die tatsächlich sinnvoll sind und überlegen Sie sich im Vorfeld einer Selektion, wie die gefilterte Zielgruppe aussehen soll. Es macht beispielsweise nur bedingt Sinn, Datenfelder wie „Vorname" oder „Kundennummer" mit in das Filtern einzubeziehen. Wenn Sie vor einer Selektion klar definieren, was Sie suchen und die Struktur der Datenbasis gelegt ist, dann erleichtert es Ihnen die Software, die gewünschte Zielgruppe tatsächlich schnell und zuverlässig zu finden.

Die Mehrwerte liegen auf der Hand: Sie sparen Kosten, weil Sie nur die Personen anschreiben, auf die Ihr Angebot zugeschnitten ist und Sie vermeiden es, Ihre Kunden zu verärgern, weil Angebot und Empfänger zueinander passen.

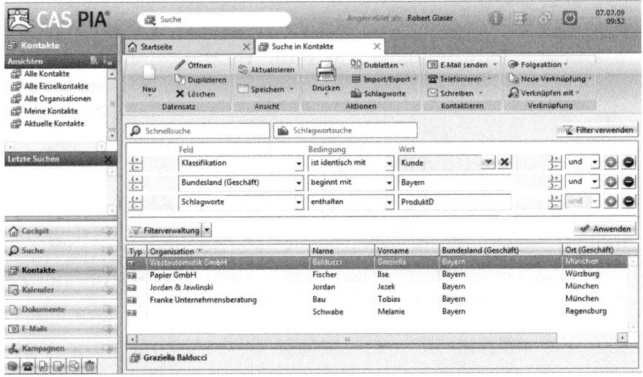

Abbildung: Filter für die Verteilererstellung, Quelle: CAS Software AG

Personalisierter Versand

Sie haben Ihre Verteilerliste erstellt? Eine Kontaktmanagementlösung unterstützt Sie nun beim personalisierten Versand. Sie fügen, wie bei gängiger Software üblich, Felder wie Anrede, Vorname und Familienname in das Dokument – einen Brief oder einer E-Mail – ein. Diese werden dann mit den Inhalten des Verteilers ersetzt. Ihre Aussendung ist damit personalisiert.

Personalisiert können nicht nur Inhalte werden: Auch die vom Kunden gewünschte Form der Kommunikationsbotschaft kann in der Software erfasst werden: Der Kunde erhält Mitteilungen deshalb automatisch in der von ihm präferierten Form, also per E-Mail, Fax oder Brief. Kunden, die keine schriftlichen Zusendungen von Ihnen haben wollen, aber dennoch auf laufende Informationen Wert legen, müssen Sie anrufen. Das System weiß dies und generiert für Sie oder Ihre Mitarbeiter Anrufaufgaben in Ihrer Termin- und Aufgabenverwaltung.

Aktionen auswerten

Für Unternehmer ist es wichtig, die Maßnahmen der Kundenbindung auszuwerten. Wer seine Schwächen und Stärken kennt, kann seine Unternehmensführung auf einer fundierten Basis gestalten. Eine Kontaktmanagementlösung ermöglicht Ihnen die zeitnahe Erfolgskontrolle Ihrer Aktionen. Die Software kann für Sie aussagekräftige Berichte zusammenstellen: Wie viele Kunden haben auf eine Rabattaktion reagiert? Wie viele Kunden wurden im letzten Jahr durch Empfehlungen neu gewonnen? Häufig bietet die Software Vorlagen für Berichte, die Ihre Arbeit zusätzlich erleichtern.

Wenn Sie einmal in der Software definiert haben, welche Berichte für Sie wichtig sind, können Sie sich diese mit einem Klick aktuell zusammen stellen lassen. So haben Sie erfolgskritische Zahlen und Grafiken jederzeit übersichtlich im Blick. Da die Software alle Ihre Daten bündelt, können auf dieser Basis auch alle möglichen Auswertungen erstellt werden.

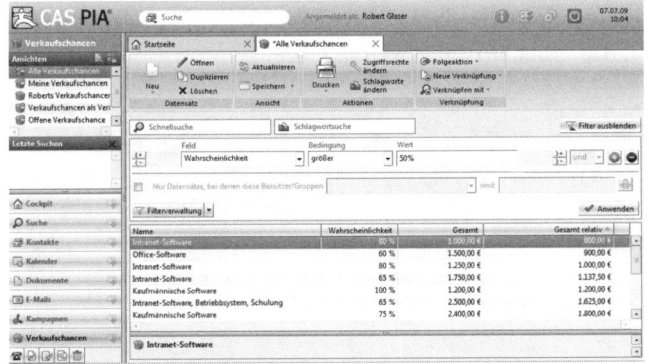

Abbildung: Auswertungen einfach erstellen, Quelle: CAS Software AG

Kampagnenmanagement

Die Elemente „Verteiler", „Versand" und „Auswertung" fassen einige Kontaktmanagementlösungen zu einem kompletten Kampagnenmanagement zusammen. Ein Assistent in der Software führt Sie durch den gesamten Prozess, von der Verteilererstellung bis hin zur Auswertung (siehe nächste Abbildung). So können Sie Ihre Kundenbindungsmaßnahmen systematisch planen und durchführen. Sie sparen wertvolle Zeit und reduzieren vermeidbare Fehler.

Verkaufschancen ermitteln

Manche Kontaktmanagementlösungen zeigen auch Verkaufschancen auf. Vertriebsmitarbeiter halten in der Software fest, welche Umsätze mit einem bestimmten Interessenten oder Kunden mit welchem Produkt zu erwarten sind. Aus diesen

Zahlen und weiteren Werten errechnet die Software eine
Verkaufswahrscheinlichkeit in Prozent.

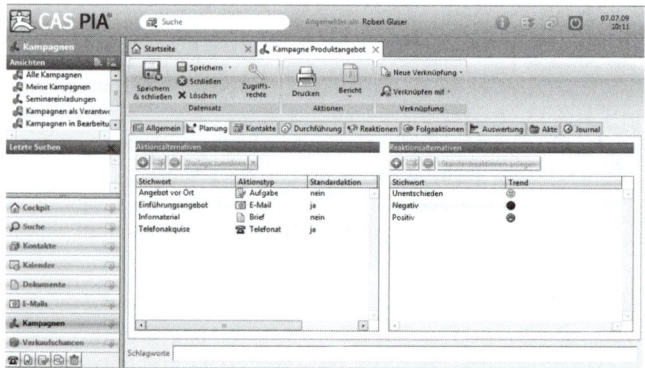

*Abbildung: Unterstützung für Ihr Kampagnenmanagement
durch Software, Quelle: CAS Software AG*

Diese Verkaufschancen sind zusätzlich für die Kundenbindung interessant: Wenn Sie wissen, welcher Kunde hier besonders positiv hervorsticht (eine hohe „Wertigkeit" besitzt),
können Sie diesen entsprechend bevorzugt behandeln.

Workflows abbilden

Mit vordefinierten Workflows (Arbeitsabläufen) maximieren
Sie Ihre Zuverlässigkeit und überraschen Ihre Kunden.

Beispiel: Workflow „Anfrage"

 Eine Schreinerei hat sich darauf spezialisiert, hochwertige
Möbel zu fertigen. Wenn ein Interessent ein Angebot anfordert,
gibt ein Mitarbeiter die neue Adresse und die Anfrage in der

Kontaktmanagementlösung ein. Wenn er das Angebot zur Anfrage versendet, erstellt er gleich eine Aufgabe „Nachhaken". Die Software macht ihn zum gewählten Zeitpunkt darauf aufmerksam, dass er den Interessenten kontaktieren wollte. Oft gibt dieser Anruf den entscheidenden Kaufimpuls.

Weitere Workflows, die eine Kontaktmanagement-Lösung abbilden kann, sind Erinnerungen an Termine, die Delegation von Aufgaben, die Steuerung von Werbekampagnen oder das Managen von Projekten. Auch Termine für mehrere Teilnehmer können in einem Gruppenkalender leicht gefunden werden.

So richten Sie die Software ein

Sie sollten bei der Einführung einer Software sorgfältig und überlegt vorgehen, um schnell und reibungslos mit der Umsetzung Ihrer Kundenbindungsmaßnahmen beginnen zu können. Wenn Sie nur eine einfache Kontaktmanagement-Lösung einsetzen, ist folgendes Vorgehen empfehlenswert:

1 **Software anschaffen:** Um schnell zu starten, nehmen Sie am besten eine Lösung, die über das Internet bereit gestellt wird. Sie benötigen dazu lediglich einen PC mit Internetzugang. Dann entfällt auch der Aufwand für die Administration des Systems.

2 **Datenübernahme:** Nehmen Sie sich für diesen wichtigen Schritt ein paar Stunden Zeit. Falls Ihre Kundendaten digital vorliegen, z. B. in einer Tabellenkalkulation, überlegen Sie genau, welche Felder aus der Software für Sie wichtig sind und notieren Sie sich diese. Strukturieren Sie Daten in Ihrer Tabelle nach diesen Feldern, dann importieren Sie die

Tabelle in die Kontaktmanagement-Lösung. In der Regel geschieht dies innerhalb weniger Minuten. Falls Ihre Daten auf Papier vorliegen, geben Sie diese in das System ein oder beauftragen sie bei umfangreichen Datenbeständen einen Dienstleister.

3 **Kontrolle des laufenden Betriebs:** Eines sollten Sie bedenken: Eine Software ist nur so gut und nützlich, wie die Daten, die sie verarbeiten kann. Schlechte, nicht aktuelle, falsche Daten führen zu unwirksamen und unangemessenen Maßnahmen, verärgern Ihre Kunden und treiben sie dem Wettbewerb in die Arme.

Auf einen Blick: Nützliche Software

- Geeignete Software erleichtert Ihnen die Kundenbindung auf vielen Ebenen: Sie können mehr Maßnahmen mit weniger Aufwand umsetzen.

- Bereits ein einfaches Kontaktmanagementsystem hilft, Ihre Kundenkontakte systematischer und wirkungsvoller zu gestalten: durch zentrale Adresspflege, schnelle Erstellung von Verteilern und personalisierte Anschreiben.

- Ein systematisches, IT-gestütztes Kundenbeziehungsmanagement (CRM, Customer Relationship Management) hilft Ihnen darüber hinaus, Ihre Kundenbeziehungen und Ihre Unternehmensprozesse zu optimieren.

Kundenbeziehungsmanagement: Eine Einführung

In diesem Kapitel erfahren Sie das Wichtigste zum Thema Customer Relationship Management (CRM), zu Deutsch: Kundenbeziehungsmanagement. CRM geht weit über das Ziel der Kundenbindung hinaus. Es gewinnt in der heutigen Zeit immer mehr an Bedeutung.

Wir zeigen Ihnen hier,

- was genau Kundenbeziehungsmanagement bedeutet (ab S. 104) und
- wie Sie die Voraussetzungen dafür schaffen, um CRM in Ihrem Unternehmen einzuführen (ab S. 109).

CRM – mehr als Kontaktmanagement

Kundenbeziehungsmanagement basiert auf der Philosophie, Kundenorientierung als Unternehmenszweck zu betrachten. Dahinter steht die Vorstellung, dass sich das gesamte Unternehmen – vom Pförtner bis zum Finanzvorstand – daran ausrichtet, Kunden entgegenzukommen, sie optimal zu bedienen und sie zufriedenzustellen.

Um Kundenorientierung in der betrieblichen Praxis umzusetzen, stehen heutzutage leistungsfähige IT-Systeme zur Verfügung, die CRM-Systeme. Indem Sie diese in Ihre kundenbezogenen Geschäftsprozesse einbauen und effektiv nutzen, erreichen Sie Ihre Ziele des Kundenbeziehungsmanagements:

- Nachhaltige Kundengewinnung
- Kundenbindung
- Nutzung des Kundenwertes

Kundenbeziehungsmanagement bedeutet, Kundenorientierung in die Geschäftsprozesse mithilfe der Funktionalitäten von CRM-Systemen einzubauen und diese mit hoher Qualität zu nutzen.

Abbildung auf der nächsten Seite: Das Kundenbeziehungsmanagement, Quelle: Vorlesungsskript „CRM", Prof. Ott

**CRM instrumentell:
Kundenbeziehungen optimieren durch Einsatz
moderner Informations- und Kommunikationstechnologien**

CRM als Philosophie:
Kundenorientierung
als Unternehmenszweck

Qualitätskriterien

↓ jeder
überall
immer
umfassend
korrekt

↓ systematisch
permanent
kontrolliert
personalisiert
effizient

↓ professionell
personalisiert
effizient
effektiv

Funktionalitäten

• Analytisches CRM
– Daten sammeln
– Kundendaten auswerten
– Folgerungen
• Kommunikatives CRM
– Kanalintegration
– Kampagnen
– Helpdesk
• Operatives CRM
– Effizienz
– Effektivität

typische CRM-Prozesse

• Lead-Management
• Mass Customization
• 1:1-Marketing
• Bestandsanalyse
• Verkaufschancen
• Kampagnen
• Kundenbewertung
• Kontaktverwaltung
• Bindungsprogramme
• Kundenmonitoring
• Empfehlungen
• Support
• Beschwerden
• Kundensanierung
• Customer-Recovery

Kundenorientierung

• Kundengewinnung
– Neukunden
– Wiedergewinnung
• Kundenbindung
– Kundenzufriedenheit
– Bindungsprogramme
• Kundenwerterhöhung
– Cross Selling
– Up-Selling
– Monopolisierung

Tickets für Reklamationen

Sie können mit so genannten Tickets die Reklamationsbehandlung in Ihrem Unternehmen kontrolliert und nachvollziehbar gestalten und damit zur Zufriedenheit der Kunden optimieren. Tickets sind nichts anderes als spezielle Datensätze in der CRM-Software, die – wie beschriebene Karten – zwischen Mitarbeitern ausgetauscht werden können.

Beispiel: Ticketbasierte Reklamationslösung

Wenn ein Mitarbeiter A eine Reklamation aufnimmt, lässt er vom CRM-System ein Ticket erstellen, auf dem er den Reklamationsgrund angibt. Dieses wird von A an den Mitarbeiter B weitergeleitet, der für die Behandlung der Reklamation zuständig ist. Wenn B die Reklamation bearbeitet hat, vermerkt er dies auf dem Ticket und gibt es an A zurück. Dieser informiert den Kunden entsprechend. Kann B die Reklamation nicht bearbeiten, so reicht er das Ticket an einen anderen Mitarbeiter C weiter. Wenn dieser die Reklamation bearbeitet hat, vermerkt er das auf dem Ticket, gibt es an B zurück und B gibt es wieder an A. In diesem Prozess können weitere Mitarbeiter einbezogen werden, wenn beispielsweise auch C das Problem nicht lösen kann. Entscheidend ist, dass zu jedem Zeitpunkt im System bekannt ist, wer gerade an der Behandlung der Reklamation arbeitet. Jeder im Unternehmen kann dem Kunden über den Stand der Reklamationsbearbeitung Auskunft geben und abschätzen, wann das Problem gelöst ist.

Nutzen von CRM-Systemen für die Unternehmensprozesse

Ein professionelles CRM-System bietet Ihnen eine ganze Reihe von Funktionalitäten, die Sie in Ihren gesamten unternehmerischen Prozessen unterstützen – von der Kundengewinnung über die Auftragsabwicklung, den Kundenservice, bis hin zur Wiedergewinnung von Kunden. Man unterteilt diese Funktionalitäten üblicherweise in drei Gruppen:

- Unter **analytischem CRM** versteht man die Analyse sämtlicher Kundeninformationen. Mit Hilfe von Data-Mining-Funktionen und Reports werden Kundendaten ausgewertet, um kundenbezogene Geschäftsprozesse laufend zu optimieren. Dadurch wird das CRM-System zu einem lernenden System.

- Das **kommunikative CRM** steuert die komplette Kommunikation mit den Kunden. Es synchronisiert z. B. E-Mail-Kampagnen, Newsletter und Call-Center-Aktivitäten. Es geht darum, systematisch und effektiv mit dem Kunden zu kommunizieren.

- Beim **operativen CRM** geht es um Funktionalitäten wie Adressmanagement und Dublettensuche, Kundenakte inkl. Verwaltung der Historie, Termin-, Aufgaben- und Projektmanagement oder auch Angebotserstellung und Reklamationsbehandlung. Es hilft Ihnen, die kundenbezogene Alltagsarbeit effektiv und effizient zu erledigen.

Die oben genannten CRM-Ziele – nachhaltige Kundengewinnung, Kundenbindung und Kundenwerterhöhung – erreichen Sie allerdings nur dann, wenn diese Funktionalitäten von Ihren Mitarbeitern auch tatsächlich genutzt werden – und zwar sorgfältig, systematisch und kontrolliert. Sie können Ihren Kunden nur Qualität bieten und sie zufriedenstellen, wenn Ihre Mitarbeiter bereit sind, diese Qualität auch zum Prinzip ihrer Arbeit zu machen.

> Ein CRM-System ist immer nur so gut, wie die Daten, die im System gespeichert werden. Nur CRM-Systeme, die Daten enthalten, die von den Mitarbeitern ständig korrekt und aktuell gehalten werden, ermöglichen korrekte und aktuelle, kundenbezogene Geschäftsprozesse.

Wer mit CRM den Kunden in den Fokus stellt, erhöht seine Profitabilität, seinen Umsatz und kann sich langfristig auf dem Markt behaupten.

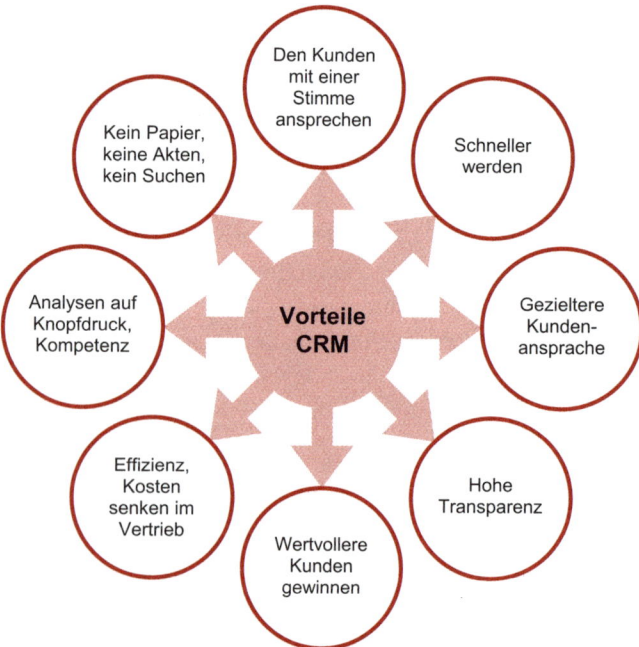

Abbildung: Die Vorteile des Kundenbeziehungsmanagements, Quelle: CAS Software AG

CRM erfolgreich einführen

Für ein erfolgreiches CRM sollten Sie alle Mitarbeiter und auch betroffene Geschäftspartner in den Entwicklungsprozess einbeziehen. Verzichten Sie nicht auf das Wissen und die Unterstützung Ihrer Mitarbeiter. Diese werden CRM im Alltag umsetzen und sind unverzichtbare Experten, wenn es um das Verhalten und die Wünsche Ihrer Kunden geht. Kommunizieren Sie deutlich den konkreten Nutzen von CRM. Erst wenn jeder versteht, welche Vorteile sich für ihn und für sein Unternehmen ergeben, werden Ihre Mitarbeiter CRM erfolgreich leben.

Der Einsatz von geeigneter CRM-Software ist ein wichtiger Erfolgsfaktor für Ihre Kundenbindung und die Profitabilität Ihres Unternehmens. Messen Sie der Auswahl, der Einführung und dem Betrieb dieser Systeme daher eine mindestens ebenso große Bedeutung zu, wie der Motivation Ihrer Mitarbeiter.

Der Kundenbeziehung den KICK geben

Um in mittelständischen Unternehmen, die im Gegensatz zu großen Unternehmen durch ganz spezielle Bedingungen gekennzeichnet sind, Systeme zur Kundenbindung erfolgreich einzuführen, hat sich das KICK-Konzept bewährt: Das **K**undenorientierte, **I**nkrementelle **C**RM-Einführungs- und Entwicklungs-**K**onzept. KICK hilft Ihnen, das ideale System für Ihr Unternehmen zu finden, und ermöglicht die Einführung von CRM in logischen, aufeinanderfolgenden Schritten.

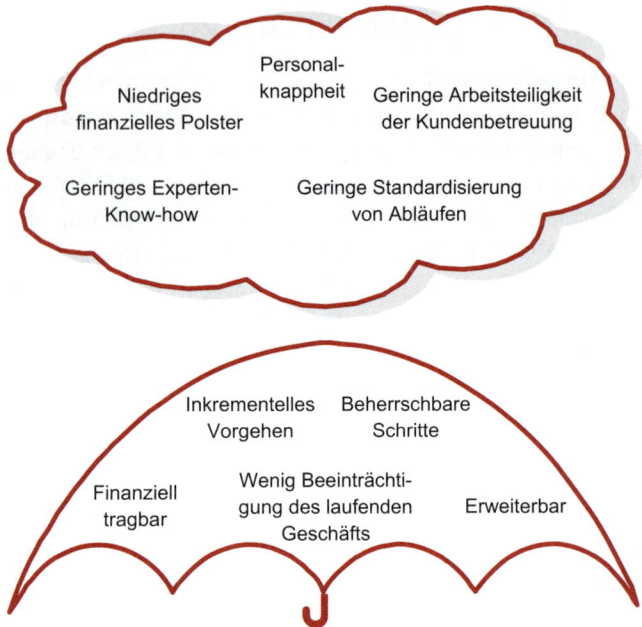

KICK – CRM bei kleinen und mittelständischen Betrieben erfolgreich einführen (Quelle: Vorlesungsskript „CRM", Prof. Ott)

Inkrementell und tragbar

CRM ist eine Unternehmensstrategie und keine rein technische Lösung. Beginnen Sie schrittweise, also inkrementell, mit den Veränderungen, aber behalten Sie CRM als Gesamtkonzept im Auge. Tragbar bedeutet: Führen Sie CRM in kleinen, beherrschbaren Prozessschritten ein. Das heißt, dass Ihr

Unternehmen mit der Einführung eines Systems weder in finanzieller, noch in organisatorischer Sicht, noch von der Kompetenz her überfordert ist. Ihre Mitarbeiter können so die Veränderungen miterleben, mitgestalten und sich damit anfreunden. Sie können dann Ihr System beliebig erweitern und auf neue Anforderungen anpassen. Überlegen Sie, welche Ziele Priorität haben und welche mittel- bis langfristig umgesetzt werden sollten.

Beispiel: Kleine Schritte

Ist das große Problem eines Unternehmens die unzureichende Beschwerdebearbeitung, so genügt es im ersten Schritt, sie durch ein Ticket-System (siehe S. 106) zu unterstützen und damit zu verbessern.

Motivierend und kontinuierlich

Planen Sie die Einführung so, dass sie für Ihre Mitarbeiter motivierend ist. Nach jedem Einführungsschritt sollte auch ein Erfolg spürbar sein. So bleiben Ihre Mitarbeiter gerne am Ball und wollen aus eigenem Antrieb weitermachen. Ziel ist, das Niveau der Kundenorientierung nicht nur zu halten, sondern laufend zu verbessern. Verstehen Sie KICK nicht als reines Einführungs-, sondern als Entwicklungs- und Steuerungskonzept. Passen Sie Ihre Strategie und die Umsetzung ganz im Sinne eines lernenden Unternehmens immer wieder an: Die Leistungsangebote für Kunden, die Preisgestaltung, das Image, den Service und die Kommunikation.

CRM einführen

1 **Die richtige Strategie:** Vielleicht haben Sie ja bereits einige Schritte unternommen, um zu einem erfolgreichen CRM-Einsatz zu kommen. Wenn Ihr Unternehmen bereits die wichtigsten, kundenbezogenen Prozesse definiert und standardisiert hat, und wenn die Kundendaten bereits – beispielsweise über ein Warenwirtschafts-System – integriert sind, dann können Sie darauf mit professionellen CRM-Tools aufbauen. Wenn nicht, hilft Ihnen folgende Checkliste weiter, die für Ihr Unternehmen relevanten Prozesse zu definieren. Je mehr Häkchen Sie in der Liste setzen können, desto kundenorientierter ist Ihr Unternehmen bereits.

Checkliste: Wie kundenorientiert ist Ihr Unternehmen?

- Ihr Leistungsangebot erfüllt die Erwartungen Ihrer Kunden. Sie haben umfangreiches Kundenwissen.

- Sie haben regelmäßig Kundenkontakt und kennen Ihre Kunden persönlich.

- Ihre Unternehmensleitung und Ihre Mitarbeiter wollen CRM umsetzen und kennen die Vorteile.

- Sie haben die passende Infrastruktur und sind bereit diese einzusetzen.

- Sie führen regelmäßig Kundenzufriedenheitsanalysen durch.

- Ihre Kunden können jederzeit mit Ihnen auf gewünschte Weise Kontakt aufnehmen.

- Ihre Unternehmensstruktur ist unbürokratisch und flexibel. Sie betrachten Ihre Mitarbeiter als interne Kunden.

- Auf Anfragen und Rückmeldungen der Kunden wird innerhalb eines Tages reagiert.

- Sie unterscheiden und behandeln Ihre Kunden nach ihrem Kundenwert.

- Sie kontaktieren Ihre Kunden personalisiert, z. B. bei Werbemaßnahmen.

- Sie informieren Ihre Kunden regelmäßig über Ihr Unternehmen/Ihre Produkte z. B. durch Mailings, Newsletter, Kundenzeitschrift.

2 **Legen Sie Ihre Anforderungen fest:** Anhand der Checkliste haben Sie Ihren Bedarf analysiert. Schreiben Sie nun auf, was Ihnen deshalb ein CRM-System organisatorisch, technologisch und funktional bieten sollte: Wo möchten Sie Verbesserungen einführen? Nehmen Sie sich dafür ausreichend Zeit.

Beispiel: CRM-Ziele

 Ihr strategisches Ziel ist die CRM-Einführung. Ein operatives Ziel könnte dabei der Aufbau einer qualitativ hochwertigen Kundendatenbank sein. Sie möchten dabei die Zahl der fehlerhaften Adressen auf unter 5 % senken.

Leiten Sie nicht die Anforderungen des Unternehmens aus den Möglichkeiten eines CRM-Systems ab, sondern suchen Sie ein CRM-System, das Ihre Anforderungen erfüllt.

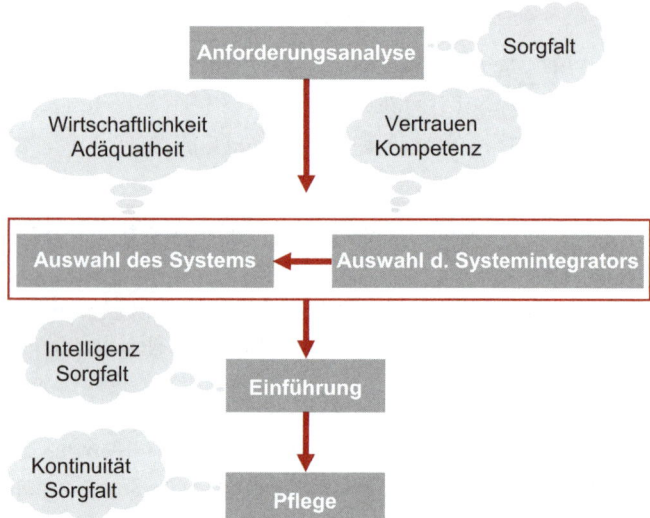

Abbildung: Vorgehen bei der CRM-System-Einführung, Quelle: Vorlesungsskript „CRM", Prof. Ott

Dokumentieren Sie Ihre Anforderungen und erstellen Sie daraus ein so genanntes Pflichtenheft. Dieses ist Grundlage für die Auswahl eines CRM-Systems.

3 **Wählen Sie das richtige System aus:** Ihr System sollte Ihre Anforderungen erfüllen und wirtschaftlich sein. Holen Sie sich zunächst von zwei bis drei Systemhäusern, denen

Sie aufgrund positiver Referenzen vertrauen können, Angebote ein (dafür verwenden Sie das vorher erstellte Pflichtenheft). Das Softwarehaus sollte dafür garantieren, dass das CRM-System Ihre Anforderungen umsetzt. Das sollten Sie bei Vertragsabschluss unbedingt schriftlich festhalten.

4 **Das System in Betrieb nehmen:** Legen Sie dann fest, wer das CRM-System in Ihrem Unternehmen verantwortlich einführt. Dieser „Systemintegrator" sollte nach Kriterien wie Vertrauen und Kompetenz ausgewählt werden. Definieren Sie Ihre einzelnen Projektschritte und legen Sie Meilensteine fest, die Ihre Erfolge messbar machen. Planen Sie, mit welchen internen Kommunikationsmaßnahmen Sie die Einführung des Systems unterstützen, um Ihre Mitarbeiter zu informieren und einzubeziehen. Sie können dafür Arbeitskreise bilden, Konferenzen ansetzen und Informationsmaterialen verteilen. Um Ihr System nutzen zu können und die kundenorientierten Prozesse und die Unternehmensprozesse zu verbessern, benötigen Sie Informationen über das Verhalten einzelner, bzw. aller Kunden. Füllen Sie Ihr System mit allen wichtigen Daten über Ihre Kundensegmente.

Nachdem Sie die technisch-organisatorischen Voraussetzungen für die Benutzung Ihres Systems geschaffen haben, sollten Sie nun Ihre Mitarbeiter in der Bedienung der Software schulen und sie motivieren, die CRM-Kultur tagtäglich zu leben.

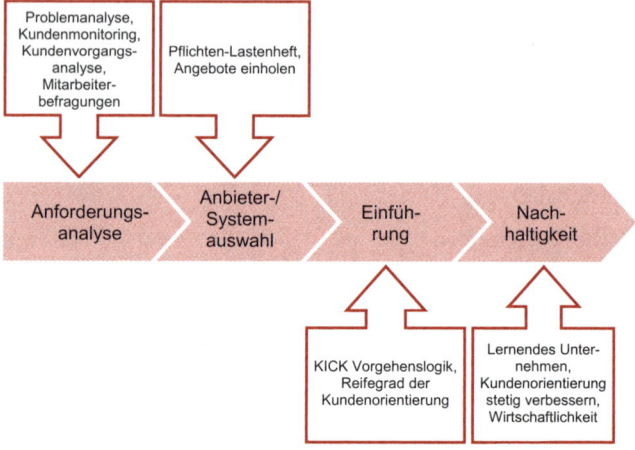

Abbildung: Die richtige Strategie für den Weg zum Erfolg, Quelle: CAS Software AG

> Führen Sie das System zunächst pilothaft für bestimmte Kundensegmente ein. Sie können so in Ruhe Erfahrungen sammeln, ohne dass alles zusammenbricht.

Mitarbeiter für CRM motivieren

Ohne die Unterstützung Ihrer Mitarbeiter wird Ihr CRM nicht erfolgreich sein. Deshalb sollten Sie Ihre Mitarbeiter entsprechend motivieren:

- Finden Sie eine Möglichkeit, um Ihre Mitarbeiter für den Kompetenzaufbau zu belohnen. Honorieren Sie den Zusatzaufwand Ihrer Mitarbeiter. Geben Sie Gewinne durch die CRM-Einführung zumindest teilweise an die Mitarbeiter weiter.

- Vielleicht gibt es Mitarbeiter in Ihrem Unternehmen, die sich gegen den Einsatz sträuben. Beugen Sie technisch begründeten Widerständen mit guten Schulungen und interner Kommunikation vor. Reduzieren Sie mit gezielten Informationen zum Nutzen und zur Notwendigkeit von CRM die Ängste und Sorgen.

- Andere Mitarbeiter empfinden die Pflege von CRM-Systemen vielleicht als lästigen Mehraufwand. Zeigen Sie deshalb gezielt die Vorteile des Systems für jeden einzelnen auf.

> CRM schafft die 360-Grad-Sicht auf den Kunden. Die bereitstehenden, kompletten Informationen begeistern in der Regel alle Mitarbeiter. Sie sparen sich viel Zeit bei der täglichen Arbeit und gewinnen an Kompetenz gegenüber den Kunden.

Vorteile für Ihren Außendienst

Ihre Außendienstmitarbeiter erfahren eine Arbeitserleichterung durch die Automatisierung von Routinevorgängen. Sie werden entlastet, da Aufträge von jedem Mitarbeiter bearbeitet werden können. Diese Vorteile bewirken, dass Ihre Außendienstmitarbeiter dem Kunden gegenüber professioneller auftreten können. Die Arbeit motiviert sie und macht ihnen Spaß. Dies färbt wiederum positiv auf Ihre Leistungsangebote ab.

Beispiel: Entlastungsargumente für den Außendienst

Automatisiertes Ausfüllen von Reisekostenanträgen, Auftragsbestätigungen, Spesenkosten usw.

Kundenanfragen werden bei Abwesenheit eines Mitarbeiters automatisch an andere Mitarbeiter weitergeleitet, ohne dass sich der abwesende Mitarbeiter darum kümmern muss.

Ihr Mitarbeiter hat immer und überall Zugriff auf alle wichtigen Informationen wie Kunden-, Wettbewerbs- und Unternehmensdaten.

Auswertungsmöglichkeiten des Systems helfen ihm z. B. neue Verkaufschancen zu erkennen.

Er kann mithilfe von Kundenzufriedenheitsanalysen aktuelle Entwicklungen in der Zufriedenheit der Kunden erkennen, Unzufriedenheit vorbeugen und zur Erhöhung der Leistungsqualität beitragen.

Trends und Entwicklungen

Hersteller von CRM-Software bringen in kurzen Intervallen immer neue Versionen ihrer Produkte auf den Markt. Um mit der Konkurrenz Schritt zu halten, sollten Sie die neuen Funktionen und Möglichkeiten prüfen und in Ihre CRM-Strategie einbauen. Die hier aufgezeigten Trends und Entwicklungen sind aber nur ein Bruchteil dessen, was eine Software heute schon leisten kann.

Mobilität auf dem Vormarsch

Ein zentraler Punkt innovativer CRM-Software ist die Mobilität, die mit dem Blackberry ihren Siegeszug begonnen hat. Besonders einfach sind Sie mit Anwendungen mobil, die über das Internet laufen. Mit einem Internetzugang und einem Browser können Sie Ihr Kontaktmanagement über den PC, einen Laptop, einen PDA oder ein intelligentes Handy betreiben. So schauen Sie während des Kundenbesuches einfach in Ihrem Handy nach, wenn Sie eine Information nicht parat haben sollten. Auch Reisezeiten lassen sich mit Hilfe mobiler Software produktiv gestalten. Diese neu gewonnene Mobilität trägt auch zur Kundenbindung bei. Sie können immer und überall informiert kommunizieren.

Automatisierte Prozesse

Die CRM-Software schickt Ihnen einmal wöchentlich individuelle Auswertungen zu, so dass Sie unternehmensrelevante Entscheidungen auf einer fundierten Basis treffen können. Dies ist heute schon möglich, wenn alle Daten in der Software erfasst sind. Die Daten werden übersichtlich in Tabellen oder als Diagramme präsentiert.

Der Trend geht zu weiter automatisierten Prozessen und Abläufen. Beispielsweise berechnet die Software den Kundenwert für jeden einzelnen Geschäftspartner auf Basis der erfassten Daten. Ausgaben für Service und Werbung können auf dieser Basis entsprechend angepasst werden. Die Software versendet auch eigenständig personalisierte Anschreiben mit Ihrem Text.

Beispiel: Automatisierter Versand

 Ein Shop für Outdoor-Ausrüstung erfasst die Adressen seiner Kunden bei jedem Kauf. Der Verkäufer gibt diese mit dem Kaufdatum und dem erstandenen Produkt in sein CRM-System ein. Ein vorher definierter Prozess kommt in Gang: Nach zwei Monaten erhält der Käufer automatisch eine E-Mail mit der Frage, ob er zufrieden sei. Ein Jahr nach dem Kauf erhält er eine E-Mail mit „Geburtstagsgrüßen" für das erstandene Produkt: „Ihre Jacke XY ist nun ein Jahr alt ..." Die Mitarbeiter müssen nichts zum Versand beitragen, den die Software alleine für sie erledigt. Der Outdoor-Shop ändert die Texte jährlich, um die Kunden immer wieder zu überraschen.

Immer mehr Unternehmen setzen die automatische Adresspflege bei der täglichen Arbeit ein. Sie beginnt, wenn Sie Adressen erfassen. Sie müssen nicht mehr mühsam jede Zeile einzeln eintippen, sondern markieren die Adresse vielleicht in einer E-Mail und die Software importiert sie ohne Medienbrüche. Ob sie stimmig ist, teilt die Software Ihnen mit, z. B., wenn Daten wie Postleitzahl und Ort nicht zusammenpassen. CRM-Lösungen wie z. B. CAS genesisWorld können jederzeit Adressen aktuell halten. Regelmäßig werden die eigenen Daten mit einer Online-Referenzdatenbank auf Aktualität überprüft. Auf Tastendruck werden die aktuellen Änderungen in Ihre eigene Adressdatenbank übernommen. Auf diese Weise können Ihre Adressen auch um komplette Firmenprofile oder Ansprechpartner ergänzt werden.

Klickauswertung bei Newsletter

Ein weiterer Trend ist die Auswertung von Newsletter. Sie verschicken den Newsletter über die CRM-Lösung, diese erfasst die Anzahl der Klicks je Artikel. Sie sehen auf einen Blick, welche Artikel erfolgreich waren und gewinnen Einblicke, wie Sie den Newsletter optimieren können. Die datenschutzrechtlichen Bestimmungen müssen dabei natürlich gewahrt werden.

Business Relationship Management

Public Relations bedeutet, die Öffentlichkeit besser an das Unternehmen zu binden. Mit Investor Relations macht man das Unternehmen für Kapitalgeber interessant. Seit etwa zehn Jahren werden CRM-Systeme eingesetzt. Noch sehr neu ist der Versuch, durch Supplier Relationship Management Lieferanten an das Unternehmen zu binden, um günstigere Preise zu erhalten und Lieferungen sicherer zu machen. Gerade im Entstehen sind Ansätze zum Employee Relationship Management. Hierbei wird versucht, Mitarbeiter stärker an das Unternehmen zu binden, um von deren Potenzial profitieren zu können. Der Versuch, all diese Interessengruppen am Unternehmen durch eine einheitliche Methodik und einheitliche Instrumente an das Unternehmen zu binden und dazu geeignete EDV-Systeme einzusetzen, führt zum Business Relationship Management (BRM). Dieses Konzept einer ganzheitlichen Führung von Unternehmen, durch Gestaltung positiver Beziehungen zu allen Interessengruppen, wird derzeit an Hochschulen entwickelt.

Auf einen Blick: Kundenbeziehungsmanagement

- Kundenbeziehungsmanagement bedeutet, Kundenorientierung in die Geschäftsprozesse mithilfe der Funktionalitäten von CRM-Systemen einzubauen und diese mit hoher Qualität zu nutzen.

- Nehmen Sie die Herausforderung an, Ihr Unternehmen von der kurzfristigen Gewinnerzielung zur langfristigen Wertschöpfung auszurichten.

- Verwirklichen Sie CRM gemeinsam mit Ihren Mitarbeitern. Maßnahmen zur Erhöhung der Kundenbindung sind nur dann erfolgreich, wenn sowohl die Geschäftsleitung als auch die Mitarbeiter dahinterstehen.

- Messen Sie der Auswahl, der Einführung und dem Betrieb des CRM-Systems eine große Bedeutung zu. Ziel muss sein, Kundenbeziehungen laufend zu verbessern, auch wenn sie schon gut sind.

- KICK hilft Ihnen, das ideale System, passend für Ihr Unternehmen, zu finden und ermöglicht die Einführung des IT-Systems mit logischen, aufeinanderfolgenden Schritten.

Stichwortverzeichnis

Bibliografische Information der Deutschen Nationalbibliothek
Die Deutsche Nationalbibliothek verzeichnet diese Publikation in der Deutschen Natio-
nalbibliografie; detaillierte bibliografische Daten sind im Internet über http://dnb.ddb.de
abrufbar.

ISBN 978-3-448-09948-5
Bestell-Nr. 00329-0001

© 2009, Rudolf Haufe Verlag GmbH & Co. KG, Niederlassung Planegg b. München
Postanschrift: Postfach, 82142 Planegg
Hausanschrift: Fraunhoferstraße 5, 82152 Planegg
Fon (0 89) 8 95 17-0, Fax (0 89) 8 95 17-2 50
E-Mail: online@haufe.de
Internet: www.haufe.de
Redaktion: Jürgen Fischer

Konzeption und Realisation: Sylvia Rein, 81371 München
Lektorat: Nicole Jähnichen und Sylvia Rein, 81371 München
Umschlaggestaltung: Kienle gestaltet, 70178 Stuttgart
Umschlagentwurf: Agentur Buttgereit & Heidenreich, 45721 Haltern am See
Druck: freiburger graphische betriebe, 79108 Freiburg

Die Autoren

Martin Hubschneider

gründete nach seinem Wirtschaftsingenieurstudium 1986 die CAS Software AG (gemeinsam mit seinem Studienfreund Ludwig Neer), die heute marktführender CRM-Spezialist im deutschen Mittelstand ist und als CAS-Gruppe über 300 Mitarbeiter beschäftigt. Das Unternehmen wurde beim TOP JOB Wettbewerb als „Bester Arbeitgeber 2009" ausgezeichnet und errang beim TOP 100-Wettbewerb den Kategoriensieg „Bestes Innovationsmanagement".

Prof. Dr. Hans Jürgen Ott

Wirtschaftsinformatiker, leitet den Studiengang BWL-Versicherung an der Dualen Hochschule Baden-Württemberg (DHBW) in Heidenheim. Dieser Studiengang bildet Finanz- und Versicherungsberater sowie -vermittler aus. Prof. Ott lehrt die Fächer CRM, Marketing, Organisation und Projektmanagement. Er berät kleine und mittelständische Unternehmen in diesen Themenbereichen.

Nützliche Links

www.cas-pia.de
www.crm-erfolg.de
www.Kundenbindung-Tipps.de

Weiterführende Literatur

„CRM - Erfolgsfaktor Kundenorientierung. Praxisnahe Fachbeiträge für den Mittelstand. Mit Anwendungsbeispielen und Checklisten", hrsg. von Martin Hubschneider und Kurt Sibold, 243 Seiten, 34,80 Euro, ISBN 978-3-448-08164-0, Bestell-Nr. 00063

„Erfolgreiches Online-Marketing. Schritt für Schritt zum Ziel" von Torsten Schwarz, 244 Seiten, 34,80 Euro, ISBN 978-3-448-09071-0, Bestell-Nr. 00003

„Brain View. Warum Kunden kaufen" von Hans-Georg Häusel, 264 Seiten, 29,80 Euro, ISBN 978-3-448-08746-8, Bestell-Nr. 00143

„Was Marken erfolgreich macht. Neuropsychologie in der Markenführung" von Christian Scheier und Dirk Held, 256 Steien, 29,80 Euro, ISBN 978-3-448-09397-1, Bestell-Nr. 00097

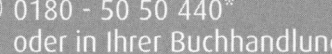

TaschenGuides – Qualität entscheidet

Bereits erschienen: